DK 677.058.4:677.061.1:531.781.2

FORSCHUNGSBERICHTE

DES WIRTSCHAFTS- UND VERKEHRSMINISTERIUMS

NORDRHEIN-WESTFALEN

Herausgegeben von Staatssekretär Prof. Dr. h. c. Leo Brandt

Nr 379

Institut für textile Meßtechnik, M.-Gladbach, e. V.

Schußfadenspannungen beim Weben

Als Manuskript gedruckt

SPRINGER FACHMEDIEN WIESBADEN GMBH

ISBN 978-3-663-04122-1 ISBN 978-3-663-05568-6 (eBook)
DOI 10.1007/978-3-663-05568-6

Forschungsberichte des Wirtschafts- und Verkehrsministeriums Nordrhein-Westfalen

Gliederung

I. Einleitung .... S. 5

II. Aufgabenstellung .... S. 5

III. Versuchsplanung und -durchführung .... S. 6

    1. Spulenarten .... S. 6

      a) Schlauchkops .... S. 6

      b) Schußspulen mit kurzen konischen Holzhülsen .... S. 6

      c) Schußspulen auf durchgehenden Hülsen mit Ansatzkonus . S. 6

      d) Automatenspulen .... S. 8

      e) Spulen auf Papierhülsen .... S. 8

      f) Spulen auf Hülsen aus Hartpapier und Kunststoff für Reyon .... S. 8

    2. Spulenherstellung .... S. 9

      a) Schlauchkops-Spulmaschinen .... S. 9

      b) Spulmaschinen für Spulen mit kurzen konischen Holzhülsen .... S. 9

      c) Spulmaschinen für Schußspulen auf durchgehenden Hülsen mit Ansatzkonus .... S. 10

      d) Spulmaschinen für Automatenspulen .... S. 11

      e) Spulmaschinen für Schußspulen auf Papierhülsen .... S. 11

      f) Schußspulmaschinen für Reyon .... S. 11

    3. Webschützen .... S. 12

      a) Webschützenausführungen .... S. 12

      b) Schußfadenbremsen .... S. 12

    4. Versuchsgarne .... S. 13

    5. Versuchsgeräte .... S. 13

      a) Induktive Meßeinrichtung .... S. 13

      1) Webschützenhaltevorrichtung .... S. 14

      2) Meßeinrichtung .... S. 14

      3) Abzugsorgan .... S. 15

      b) Kapazitive Meßeinrichtung .... S. 16

      c) Eichung der Versuchseinrichtungen .... S. 17

      d) Stellungnahme zur Arbeitsweise des Schützenabzugsgeräts mit kontinuierlichem Abzug .... S. 17

      e) Messung des Fadenballonaustrittes aus dem Webschützen . S. 18

Forschungsberichte des Wirtschafts- und Verkehrsministeriums Nordrhein-Westfalen

IV. Versuchsergebnisse .... S. 19

   1. Spulen und ihre Herstellung .... S. 19

   2. Webschützen .... S. 24

   3. Induktive Schußfadenspannungsmessungen .... S. 29

     a) Verhalten verschiedener Spulenausführungen in Schützen mit gleichen Abmessungen .... S. 29

     b) Fadenspannungen bei Schlauchkops .... S. 36

     c) Fadenspannungen bei Automatenspulen .... S. 43

     d) Fadenspannungen bei unterschiedlich langen Spulen mit und ohne Konusansatz .... S. 45

     e) Fadenspannungen bei verschieden großen Bewicklungsdurchmessern .... S. 49

     f) Fadenspannungen bei verschieden großen Abständen zwischen Hülsenspitze und Fadenbremse .... S. 49

     g) Einfluß der Auskleidung mit Fell auf den Verlauf der Fadenspannung .... S. 50

     h) Fadenspannungen bei Reyongarnen .... S. 52

     i) Beziehungen zwischen Spulspannung und Fadenablaufspannung .... S. 54

   4. Kapazitive Schußfadenspannungsmessungen .... S. 54

   5. Intermittierender Abzug des Schußfadens und Änderung der Abzugsrichtung .... S. 57

   6. Erfassung des Fadenballons bei Austritt aus dem Webschützen .... S. 59

   7. Anwendung großer Kops- und Spulenformate (Großraumschützen) .... S. 60

   8. Schußfadenspannungsmessungen im Betrieb .... S. 62

   9. Auswirkung der Schußfadenspannungen in der Praxis .. S. 62

V. Zusammenfassung .... S. 63

Forschungsberichte des Wirtschafts- und Verkehrsministeriums Nordrhein-Westfalen

I. Einleitung

In den letzten Jahren rückte in den Leinenwebereien das Problem der Erzielung höherer Leistungen bei verbessertem Warenausfall mehr denn je in den Vordergrund und mit ihm Maßnahmen zur Erhöhung der Wirtschaftlichkeit. Was die Webstühle selbst betrifft, handelt es sich dabei in den wenigsten Fällen darum, ganze Gruppen vorhandener Stühle durch neue leistungsfähige Vollautomaten zu ersetzen, sondern das Problem stellt sich überwiegend so dar, daß die meist älteren Webstühle durch Umbau oder andere geeignete Maßnahmen in ihrer Produktivität verbessert werden müssen. Hierzu bieten sich zunächst zwei Wege, eine Entlastung des Webers zu erreichen, und damit die Möglichkeit, ihm eine größere Zahl von Webstühlen zuzuteilen, nämlich einmal die Ausstattung der Stühle mit Anbauautomaten, zum anderen der Übergang zu größeren Schußspulen- bzw. Schußkopsformaten.

Die Betrachtungen der vorliegenden Ausarbeitung befassen sich mit der zuletzt erwähnten Maßnahme des Übergangs auf günstigere Garnkörper, deren Art und Größe jedoch erfahrungsgemäß von Einfluß auf Höhe und Verlauf der Schußfadenspannungen beim Weben ist. Es kann hierdurch der Gewebeausfall in erheblichem Maß beeinflußt werden, wobei insbesondere an Kanteneinzüge und ungleichmäßige Krumpfeigenschaften sowie bogige Kanten und unterschiedliche Breiten gedacht ist.

Die im folgenden beschriebenen Untersuchungen wurden in engster Zusammenarbeit mit dem Techn.-Wissenschaftl. Büro für die Bastfaserindustrie, Leiter Dipl.-Ing. W. ROHS, Bielefeld, durchgeführt und ausgewertet.

II. Aufgabenstellung

Die durchgeführte Arbeit, deren Ergebnisse dieser Bericht enthält, hatte zur Aufgabe, die beim Ablauf des Schußfadens vom Garnkörper auftretende Fadenspannung und ihren Verlauf unter Berücksichtigung verschiedener Spulen- und Hülsenformen, sowie unterschiedlicher Webschützen- und Fadenbremsausführungen unter Einsatz geeigneter Meßgeräte zu untersuchen. Dabei waren die Arbeitsbedingungen auf den Spulmaschinen jeweils festzuhalten und bei der Beurteilung der Ergebnisse in Betracht zu ziehen. Als Versuchsgarne waren Flachs-, Flachswerg-, Baumwoll- sowie Reyongarne in die Versuche einzuschließen.

Forschungsberichte des Wirtschafts- und Verkehrsministeriums Nordrhein-Westfalen

III. Versuchsplanung und -durchführung

1. Spulenarten

In die Untersuchungen wurden Schlauchkops, Schußspulen mit kurzer konischer Hülse (Pirn), Schußspulen auf durchgehenden Hülsen mit und ohne Ansatzkonus, Automatenspulen und Schußspulen auf Hülsen aus imprägniertem Papier und Kunststoff einbezogen.

a) Schlauchkops

Der Schlauchkop als Spule ohne Hülse ist für die Leinengarnverarbeitung als Standardform bekannt (Abb. 1, Kops 1-4). Der Ablauf des Fadens erfolgt von der stumpfen Seite des Schlauchkop, so daß der Faden aus dem Inneren der Spule abläuft. Das Fehlen einer Hülse als Spulenträger bewirkt im Vergleich zur Schußspule mit Hülse ein großes Garnfassungsvermögen. Ein Verrutschen des Schlauchkop im Webschützen während dessen wechselweise erfolgenden Beschleunigungen und Verzögerungen wird durch Auskleidungen der Schützeninnenwände mit Plüsch, durch eingefräste Riefen oder neuerdings auch durch besonders profilierte Gummieinlagen bewirkt.

b) Schußspulen mit kurzen konischen Holzhülsen

Eine dem Schlauchkop ähnliche Spulenaufmachung ist die Schußspule mit kurzem Holzkonus (Pirn). Der Fadenablauf erfolgt hierbei von außen, d.h. von der Spitze der auf einer Spindel aufgesteckten Spule. Diese Spulenart - früher in der Leinenindustrie viel angewandt - wurde inzwischen zugunsten des Schlauchkops fast völlig verlassen. Erst neuerdings tritt sie wieder in Erscheinung. Verglichen mit dem Schlauchkop ist bei Annahme gleicher Spulenlänge und gleichen Spulendurchmessers die Verkleinerung der unterzubringenden Materialmenge ohne große Bedeutung. Gegen Verrutschen der Spule dient eine am Fuß des konischen Ansatzes eingefräste Nut, die von fest im Schützen angebrachten Haken klauenartig gefaßt wird (Abb. 1, Hülse 5).

c) Schußspulen auf durchgehenden Hülsen mit Ansatzkonus

Einfache aus Hartholz hergestellte Hülsen mit Ansatzkonus dienen ebenfalls als Spulenträger für Leinen und Baumwollgarne. Die dabei zu erreichende Lauflänge ist wesentlich geringer als bei den bisher beschriebenen Spulenformen. Um Beschädigungen der Hülsen auszuschalten, sind sie an

Forschungsberichte des Wirtschafts- und Verkehrsministeriums Nordrhein-Westfalen

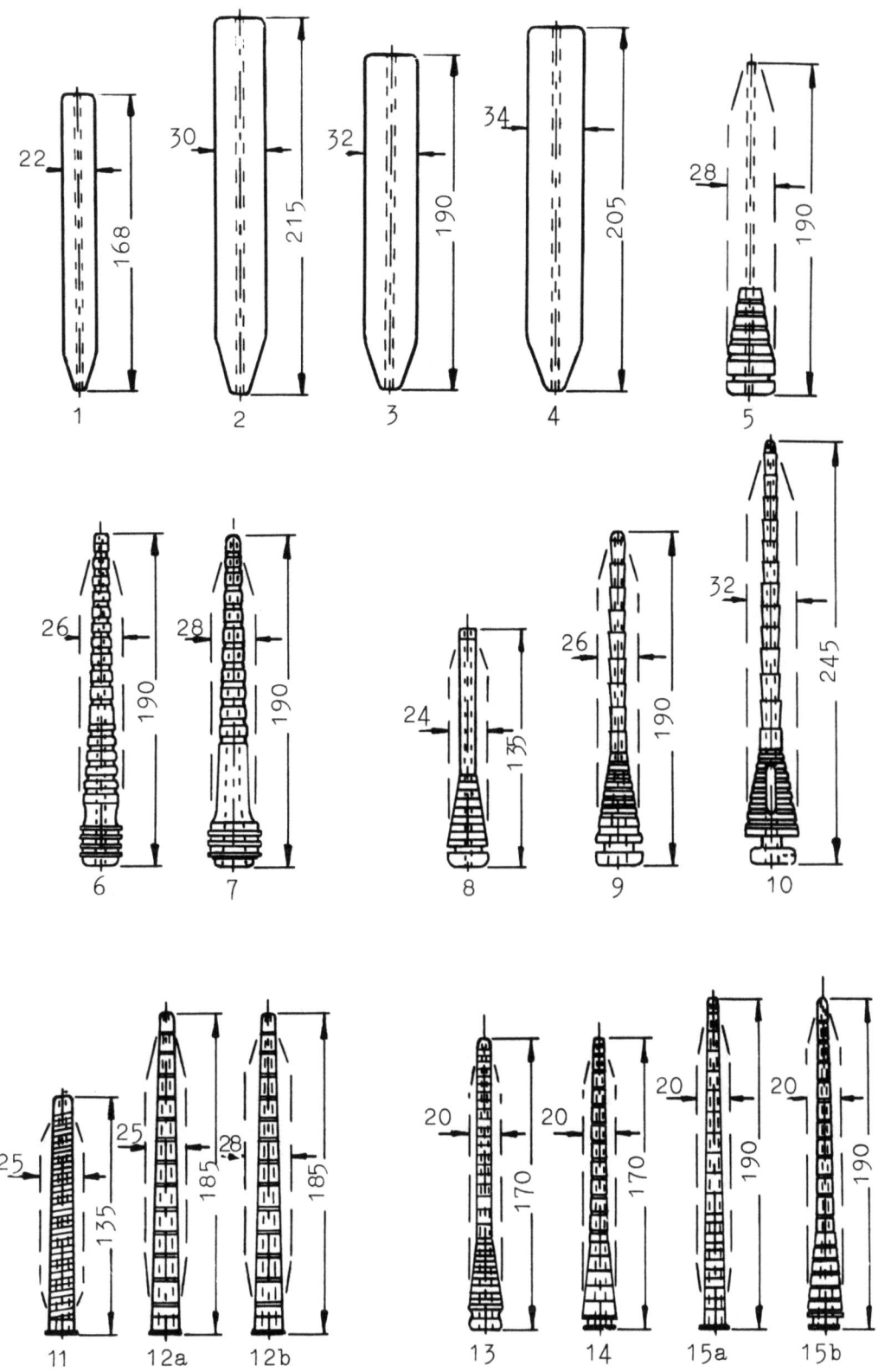

Abbildung 1
Kops-, Spulen- und Hülsenabmessungen

ihren beiden Enden mit Zwingen aus Weiß- oder Messingblech versehen. Der Sicherung der Spulen gegen Verrutschen dienen wiederum die beschriebenen Einfräsungen am Hülsenfuß (Abb. 1, Hülsen 8-10).

d) Automatenspulen

Die sich in der Leinenindustrie in letzter Zeit fortschreitend durchsetzenden Spulenwechselautomaten verlangen besondere Hülsen aus Hartholz, die am Fuß mit drei oder vier federnden Ringen ausgestattet sind. Diese sollen ein sicheres Halten in den entsprechend ausgebildeten Klemmen der Webschützen gewährleisten. Spulenfuß und Spulenspitze sind wiederum mit Blechzwingen versehen. Bei elektrischer Auslösung des Spulenwechsels sind die Schaftenden am Fußansatz mit Kontakthülsen, meist aus Messing, ausgerüstet. Die Ausführungsformen der Automatenspulen sind hinsichtlich Steigung von Schaft und Ansatzkonus sowie der Unterbringung der Fadenreservewindungen unterschiedlich (Abb. 1, Hülsen 6 u. 7). Bezüglich der unterzubringenden Materialmenge gilt das unter 1c Gesagte.

e) Spulen auf Papierhülsen

Einfache Schußhülsen aus rohem oder imprägniertem Papier finden für die Leinengarnverarbeitung weniger, demgegenüber jedoch vielfach für Baumwollgarne Verwendung. Schußhülsen aus Papier sind auf ihrer gesamten Länge gleichmäßig konisch gehalten, sie besitzen also keinen zusätzlichen Ansatz (Abb. 1, Hülsen 11-12b). Die auf eine Papierhülse aufspulbare Garnmenge ist bei gleicher Hülsenlänge etwas größer als bei den Holzhülsen. Das Festhalten der Spule mit Papierhülse erfolgt im allgemeinen durch Klauen im Schützen, die einen Ringansatz am Fuß der Hülse fassen. Das Festhalten von Spulen auf ringlosen Hülsen allein durch Spreizfedern an den Spindeln wird heute nur noch selten angetroffen.

f) Spulen auf Hülsen aus Hartpapier und Kunststoff für Reyon

Die Einbeziehung von Reyon in die Untersuchungen machte es erforderlich, auch die für dieses Material geeigneten Hülsen in Hartpapier und Kunststoff, mit und ohne Konusansatz in Betracht zu ziehen (Abb. 1, Hülsen 13-15b). Alle diese Hülsen besitzen die bereits beschriebenen Ringansätze, die in Verbindung mit in den Webschützen angebrachten Klauen eine Sicherung der Spulen gegen ein Verrutschen auf der Schützenspindel bilden.

2. Spulenherstellung

Bei der Vorbereitung der in die Untersuchung einbezogenen Leinen-, Baumwoll- und Reyongarne auf den noch zu behandelnden Spulmaschinen wurden die auftretenden Fadenspannungen mit Hilfe eines Fadenspannungsmessers, Bauart Uster, kontrolliert. Sie wurden dabei je nach Garn und Maschine jeweils derart eingestellt, daß Spulen mit einer für normale Webverhältnisse geeigneten Härte entstanden. Diese Spannung wurde dann für gleiche Spulen genau konstant gehalten. Die Fadenspannungen wurden registriert.

Außer der Fadenspannung wurden die Fadengeschwindigkeiten beim Spulen durch Gegenüberstellung von Spulenherstellungszeit und der gespulten Garnlänge ermittelt. Fassungsvermögen, Abmessungen der Spulen sowie die Art ihrer Fadenverkreuzung wurden festgehalten.

Der Herstellung der Versuchsspulen dienten Schußspulmaschinen verschiedener, meist moderner Konstruktion, die ohne Ausnahme für das Abspulen von zylindrischen oder konischen Kreuzspulen bzw. auch konischen Parallelspulen bei einem Abzug über Kopf eingerichtet waren.

a) Schlauchkops-Spulmaschinen

Die Schlauchkopsherstellung erfolgte auf Schlauchkopsautomaten, Bauart Schweiter, Typ MT, deren einzelne Spulstellen separat arbeiten. Jede Spulstelle wird durch Friktion angetrieben. Die Fadenspannung ist durch eine mittels eines Einstellknopfes einzuregulierende Scheibendämmung beeinflußbar. Der Kop wird von einem hin- und herbewegten Fadenführer auf einer Spindel aufgebaut, wobei er durch eine Anpreßvorrichtung gegen einen Stahlkegel gedrückt wird und damit Form und Festigkeit erhält.

Zwischen Scheibendämmung und Fadenführer ist am Abstellhebel ein zusätzlicher Ausgleich in Form einer eingebauten Torsionsfeder eingeschaltet, so daß die bei der Schlauchkopherstellung durch die schnell wechselnden Bewicklungsdurchmesser entstehenden Spannungsschwankungen reduziert werden.

b) Spulmaschinen für Spulen mit kurzen konischen Holzhülsen

Für die Herstellung der Kops mit kurzem Holzkonus konnte keine neuzeitliche Maschine eingesetzt werden, wie diese von Schweiter, Horgen, unter der Typenbezeichnung MTS oder von D. Delerue & Cie., Roubaix, als Superkopser geliefert werden. Für die Herstellung der Versuchsspulen stand nur eine englische Schlauchkopsspulmaschine älteren Datums zur Verfügung.

Der von einer feststehenden Kreuzspule abgezogene und mittels einer einfachen einstellbaren Scheibenbremse abgebremste Faden wird über eine Rolle zum Fadenführer und von dort durch den Schlitz eines Trichters zur Spindel geleitet. Die Wicklung des Garnkörpers wird in diesem Trichter auf einem kurzen Holzkonus begonnen und hierauf die gesamte Spule in bekannter Weise aufgebaut.

c) Spulmaschinen für Schußspulen auf durchgehenden Hülsen mit Ansatzkonus

Die bei den Versuchen eingesetzten Schußspulen mit Konusansatz wurden je nach Länge auf einer Leesona-Spulmaschine, einem Schlafhorst-, einem Hacoba- und einem Schweiter-Schußspulautomaten hergestellt.

Bei der für kurze Hülsen (Abb. 1, Hülse 8) benutzten Spulmaschine handelte es sich um eine nicht automatische Leesona-Maschine mit liegenden Spindeln der Universal Winding Company, Boston. Dem Spulgut wird durch bewegliche in ihrer Wirkung veränderliche Scheibenbremse die erforderliche Spannung erteilt. Eine besondere Einrichtung bewirkt jeweils bei Bewicklung der Spulenspitze eine zusätzliche Bremsung des Fadens, so daß eine ausgeglichene Fadenspannung erreicht wird. Der Spulenaufbau erfolgt über Fadenführer und Fühlerscheibe.

Der Bewicklung mittellanger Holzhülsen mit Konusansatz (Abb. 1, Hülse 9) stand ein Schußspulautomat Autocopser SE 1, Bauart Schlafhorst, zur Verfügung. Der Faden erhält seine Spannung durch eine druckfederbelastete, regulierbare Zweischeibenbremse. Anschließend wird er über einen rotierenden Porzellan-Fadenführer mit Nuten zur Spule geführt. Der Vorschub des Fadenführers erfolgt von einer sich stetig drehenden, zwangsläufig angetriebenen Gewindespindel unter Zwischenschaltung einer Tastrolle. Zusätzlich ist eine Einrichtung für eine fortlaufende Verlegung der Wicklungen vorhanden.

Für die Herstellung großer Schußspulen (Abb. 1, Hülse 10) wurden vergleichsweise zwei Spulautomaten eingesetzt, der Hacoba-Vierspindel-Automat SSA (Plutte, Koecke & Co., W.-Barmen) und der Schweiter-Schußspulautomat, Typ MS.

Der Hacoba-Vierspindel-Automat faßt in einer Einheit vier Spulstellen zusammen. Er arbeitet ohne Taster oder Fühlrädchen, wodurch das zu spulende Garn eine Schonung erfährt. Antrieb und Fortschaltung der Fadenführer werden durch hin- und herbewegte Gewindespindeln bewirkt, die je nach Garnstärke eine schnellere oder langsamere Drehung erhalten. Die Art der Fortschaltung ohne Fühlvorrichtung läßt allerdings bei Nummernschwankungen Differenzen im Spulendurchmesser nicht ganz vermeiden. Eine Differential-Fadenverlegung bietet Sicherheit gegen ein Abschlagen von Garnlagen beim Weben. Der Fadenbremsung dient eine gewichtsbelastete Klauenbremse.

Der Schweiter Schußspulautomat MS ist wie die Leesona-Spulmaschine und der Schlafhorst-Autocopser wiederum mit einer Tasteinrichtung (Fühlrädchen) versehen, welche die Fortschaltung des Fadenführers beeinflußt. Für die Erzielung einer bestimmten Fadenspannung ist eine einstellbare Druckfeder-Scheibenbremse vorgesehen.

d) Spulmaschinen für Automatenspulen

Ein Teil der zur Prüfung gelangenden Automatenspulen (Abb. 1, Hülse 6) wurde auf dem unter c) beschriebenen Schlafhorst-Schußspulautomaten SE 1, der andere (Abb. 1, Hülse 7) auf dem ebenfalls unter c) angeführten Hacoba-Vierspindler SSA hergestellt.

e) Spulmaschinen für Schußspulen auf Papierhülsen

Für diese Spulen wurden je nach Hülsenformat die unter c) genannte Leesona-Spulmaschine (Abb. 1, Hülse 11) und wiederum der Hacoba-Vierspindel-Automat SSA (Abb. 1, Hülsen 12a u. 12b) eingesetzt.

f) Schußspulmaschinen für Reyon

Das Spulen von Reyon auf die vorgesehenen Kunststoff- und Papierhülsen wurde ausnahmslos auf dem unter c) beschriebenen Hacoba-Vierspindel-Automaten SSA vorgenommen, da dieser, wie bereits erwähnt, eine besondere Schonung des Spulgutes durch den Fortfall eines Tasters oder Fühlrädchens verspricht.

Forschungsberichte des Wirtschafts- und Verkehrsministeriums Nordrhein-Westfalen

3. Webschützen

a) Webschützenausführungen

Der hülsenlose Aufbau des von innen abziehbaren Schlauchkops macht die Verwendung besonderer Webschützen erforderlich, in welche die Schlauchkops eingelegt bezw. eingedrückt werden. Da der Innenraum des Webschützens voll ausnutzbar ist, kann der Kop in seinem Durchmesser verhältnismäßig groß gewählt werden. Eine Sicherung gegen ein Hervortreten des Schlauchkops über die Seitenwände hinaus erfolgt entweder durch einen federnden Stahldeckel, einen Stahldrahtbügel oder durch an den Rändern der Innenwände in zweckentsprechender Weise angebrachte Borsten-, Gummi- oder Kunststoffeinsätze[1]. Bei den Versuchen wurden Schützen mit Stahldeckel und solche mit Gummieinlage eingesetzt.

Zur Aufnahme von Schußspulen mit kurzem Holzkonus bzw. mit durchgehenden Holz- oder Papierhülsen fanden die dafür üblichen Webschützen mit aufklappbaren, federnden Spindeln Verwendung. Bei diesen Spulenausführungen wird das Schußgarn von außen abgezogen, und es ist ein entsprechend grosser Raum zwischen Spulenaußenfläche und Schützenwandungen erforderlich, um einen einwandfreien Fadenablauf zu gewährleisten. Dies bedingt, daß die großen Durchmesser der Schlauchkops hier nicht mehr zur Anwendung kommen können.

Für die Automatenspulen wurden die bekannten spindellosen Automatenschützen mit Einfädlern verwendet. Die Einführung einer neuen Spule durch den Einschlaghammer des Automaten unter gleichzeitigem Auswerfen der leeren Hülse verlangt speziell ausgebildete, im Automatenschützen angebrachte federnde Spulenhalteklemmen.

b) Schußfadenbremsen

Durch unterschiedlich im Webschützen angebrachte Einrichtungen wird auf den ablaufenden Faden eine Bremsung ausgeübt. Bei den zum Einsatz gekommenen Schlauchkops- und Spindelschützen handelte es sich um solche mit Ösen-, Plüsch-, Stahlfeder- oder Plättchenbremsen. Bei den Automatenschützen bestand die Bremseinrichtung aus Borsten bzw. Perlonschlaufen, die zweckentsprechend vor dem Einfädler angebracht waren.

---

1. Die Benutzung von Schlauchkopswechselautomaten mit und ohne Restkopsentfernung erfordert seitlich oder auch oberhalb offene Webschützen mit den zuletzt genannten Einsätzen

Außer den sich im Bereich der Fadenaugen oder der Einfädler befindlichen Bremsen besaßen einige der zu den Versuchen herangezogenen Webschützen Auskleidungen der Schützenseitenwände. Diese wirken auf den sich während des Spulenablaufs bildenden Fadenballon hemmend und sollen zudem ein Herausschlagen des Ballons aus dem Schützen verhüten.

Bei der Beschreibung der Versuchsergebnisse wird auf den jeweils verwendeten Webschützen und seine Fadenbremsen noch im einzelnen einzugehen sein.

4. Versuchsgarne

Für die Durchführung der Ablaufversuche wurden folgende Garne, die jeweils einer Spinnpartie entnommen wurden, eingesetzt:

Flachswerggarn	Nm 7	1/2-gebl.
"	Nm 12	1/2-gebl.
Flachsgarn	Nm 21	1/2-gebl.
"	Nm 36	1/2-gebl.
Baumwollgarn	Nm 20	roh
Viskose-Reyon	Nm 30	gefärbt

Außerdem wurden auch noch Flachsgarn Nm 60, gekocht und Baumwollgarn NM 40, roh bzw. NM 85, gefärbt, für einige Untersuchungen herangezogen.

5. Versuchsgeräte

a) Induktive Meßeinrichtung

Zur Messung der Schußfadenspannungen, die beim Abzug von Garnen aus Webschützen auftreten, wurde ein von der Fa. Textechno - Laboratorium für Textile Meßtechnik - M.Gladbach, entwickeltes Gerät verwendet. Dieses arbeitet mit konstanter Abzugsgeschwindigkeit, wodurch sich eine Abweichung gegenüber den Verhältnissen im Webstuhl ergibt. Daß diese für den Vergleich der Ablaufspannungen bei verschiedenen Spulenformen und Schützenausführungen zuzulassen ist, wird an anderer Stelle noch darzulegen sein. Die Abzugsgeschwindigkeit wurde mit 500 m/min, entsprechend einer mittleren Webschützengeschwindigkeit von ca. 8,3 m/s gewählt (z.B. rd. 140 Schuß je min bei 120 cm Arbeitsbreite).

Forschungsberichte des Wirtschafts- und Verkehrsministeriums Nordrhein-Westfalen

Das Versuchsgerät gliedert sich in folgende Teile:

1) Webschützenhaltevorrichtung,
2) Elektrische Meßeinrichtung, bestehend aus elektromagnetischem Meßkopf, Verstärker und Diagrammschreiber,
3) Abzugsorgan, bestehend aus Elektromotor nebst Abzugsscheibe und Anpreßrolle.

1) Webschützenhaltevorrichtung

Die Webschützenhaltevorrichtung ist derart konstruiert, daß Schützen nahezu aller Abmessungen eingespannt werden können. Sie ist verstellbar, so daß ein einwandfreier Fadenablauf zum Meßkopf einregulierbar ist.

2) Meßeinrichtung

Das Prinzipschaltbild der elektrischen Meßeinrichtung ist in Abbildung 2 (oben) wiedergegeben. Ihr Hauptbestandteil ist ein elektromagnetischer Meßkopf mit einer induktiven Meßbrücke, bei der die vom Wechselstrom durchflossenen Magnetspulen 1 und 2 zwei Brückenzweige bilden.

Zwischen diesen beiden Spulen befindet sich der einseitig befestigte Meßstab 3, dessen freischwebender Teil die Meßrolle 4 trägt, über die der zu prüfende Faden geführt wird. Die durch Spannungsschwankungen des Garns verursachten Auslenkungen des Stabes wirken verstimmend auf die Meßbrücke und lassen an der Primärwicklung 5 - 6 des Eingangstransformators zum Verstärker eine Meßspannung entstehen, deren Größe von der Auslenkung des Stabes und deshalb von der Fadenspannung abhängig ist. Für die Anzeige wird ein Drehspulinstrument 9, in unserem Falle ein Diagrammschreiber, verwendet. Um letzteren auszusteuern, ist die zur Verfügung stehende Leistung zu gering. Deshalb ist die Zwischenschaltung eines Röhrenverstärkers 7 erforderlich. Da für den Betrieb eines Drehspulinstrumentes Gleichstrom benötigt wird, muß der von dem Verstärker gelieferte Meßstrom mittels eines Gleichrichters 8 gleichgerichtet werden.

Der Meßbereich ist in zwei Stufen am Verstärker und des weiteren durch zwei am Meßkopf befindliche Einstellschrauben, welche die Lage der Spulen zum Meßstab beeinflussen, in weiten Grenzen zu verändern. Außerdem besteht die Möglichkeit, für Messungen hoher Fadenspannungen stärkere Meß-

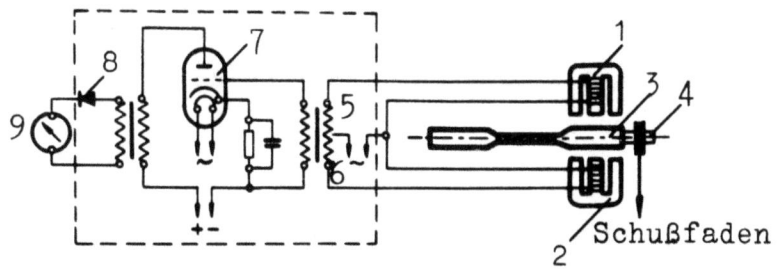

Induktives Meßschema

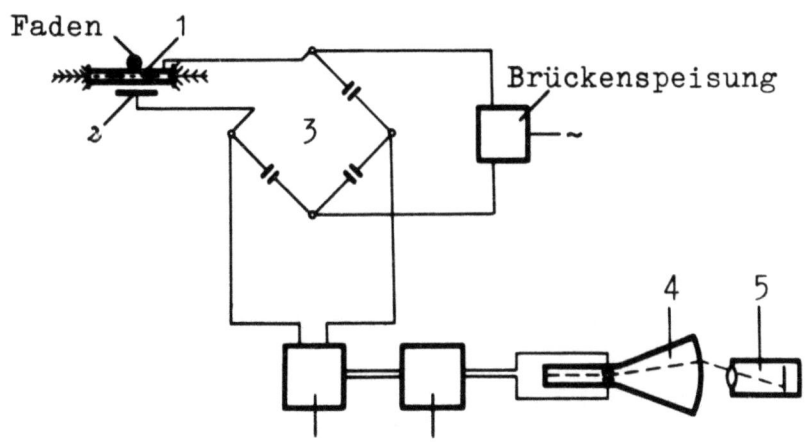

Kapazitives Meßschema

A b b i l d u n g   2
Prinzipschaltbilder der Meßeinrichtungen

stäbe einzusetzen. Die Anzeige der Meßeinrichtung ist linear. Zwischen Schützenhaltevorrichtung und Meßkopf ist zur Erzielung und Fixierung des einzuhaltenden Faden-Umschlingungswinkels am Meßstab eine Fadenöse angebracht.

3) Abzugsorgan

Das Abzugsorgan besteht aus einem Elektromotor mit konstanter Drehzahl, der auf seinem Wellenstumpf eine Garnabzugsscheibe trägt. Gegen diese Scheibe wird durch Federkraft eine Anpreßrolle gedrückt. Zwischen Abzugsscheibe und Anpreßrolle wird der Faden mit gleichbleibender Geschwindigkeit abgezogen. Der Druck der Anpreßrolle ist durch eine in ihrer Spannung veränderlichen Zugfeder einstellbar.

Die vorstehend beschriebenen Teile der Meßeinrichtung sind zweckmäßig in einem fahrbaren Rohrgestell untergebracht, so daß sie nicht nur ortsfest im Laboratorium, sondern auch im Betrieb, z.B. unmittelbar am Webstuhl, eingesetzt werden kann.

Abbildung 3 zeigt die Gesamtansicht. Schützenhaltevorrichtung 1, Fadenleitöse 2, magnetelektrischer Meßkopf 3, Abzugsvorrichtung 4, Meßverstärker 5 und Diagrammschreiber 6 sind im Bild erkennbar.

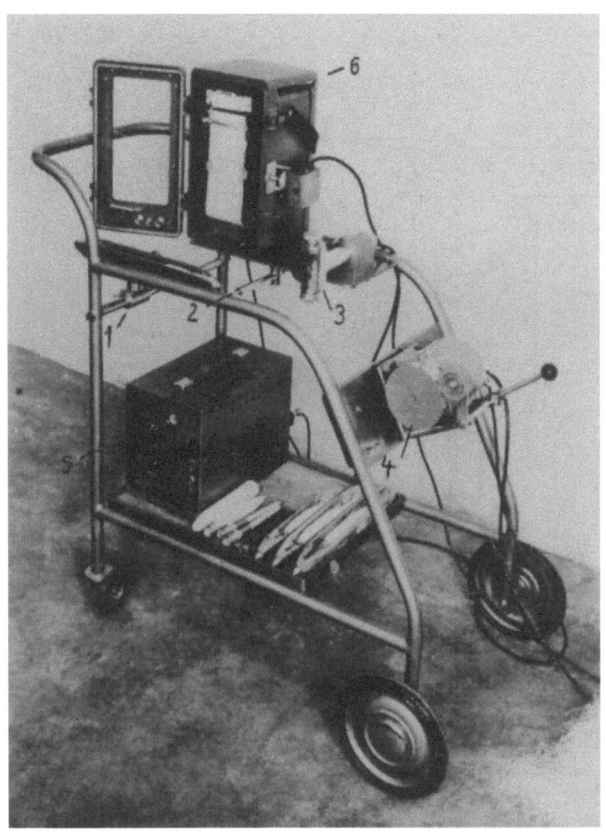

A b b i l d u n g   3

b) Kapazitive Meßeinrichtung

Um auch kurzperiodische Spannungsschwankungen zu erfassen, wurde für einige Versuche außer der vorstehend beschriebenen induktiven Meßeinrichtung ein kapazitiver Meßkopf in Verbindung mit einer Hochfrequenzmeßbrücke (Textronograph) verwendet. Der Vorzug dieser Meßeinrichtung in Verbindung mit einem Kathodenstrahloszillographen, dessen Schirmbild von einer Spezialfilmkamera (Rekordine) aufgenommen wird, liegt in der Möglichkeit der praktisch trägheitslosen Messung und Aufzeichnung der Spannungen.

Die Arbeitsweise dieser Einrichtung ist schematisch in Abbildung 2 (unten) erläutert. Der beiderseits eingespannte Fühler 1 besteht aus einem kurzen und leichten Stahlröhrchen. Die Eigenfrequenz dieser Anordnung liegt über 1000 Hz. Dadurch ist die Abtastung auch sehr schnell verlaufender Fadenspannungen möglich, ohne daß Resonanzerscheinungen am Meßglied zu befürchten sind. Der Fühler ist als eine Platte des Meßkondensators in einer Kapazitätsmeßbrücke 3 ausgebildet. Die andere Platte 2 ist im Gehäuse des Meßkopfes, in dem das Stahlröhrchen isoliert befestigt ist, untergebracht. Wird durch eine zu messende Fadenspannung das Röhrchen nur wenig durchgebogen, so ändert sich die Kapazität des Meßkondensators, wodurch die Meßbrücke verstimmt wird. Die Brückenspannung wird verstärkt und gleichgerichtet und beeinflußt einen Elektronenstrahloszillographen 4. Der Leuchtfleck auf dem Bildschirm des Oszillographen wird durch eine Registrierkamera 5 auf einen mit hoher Geschwindigkeit (bis 3 m/s) bewegten Filmstreifen fotografiert. Es entsteht ein Diagramm, welches die jeweils herrschende Fadenspannung als Ordinate zeigt.

c) Eichung der Versuchseinrichtungen

Die Eichung sowohl der induktiven als auch der kapazitiven Meßeinrichtung wird durch Belastungen der Meßrolle bzw. der Meßnadel mittels Gewichten vorgenommen. Die Anordnung des jeweils verwendeten Meßkopfes zwischen Abzugsorgan 4 und der Fadenleitöse 2 (Abb. 3), die derart vorgesehen ist, daß der zu prüfende Faden in einem Winkel von 120° über die Meßrolle geführt wird, gestattet es, die senkrecht wirkende Eichbelastung ohne besonderen Umrechnungsfaktor auf den Diagrammaßstab zu übertragen. Damit Auswirkungen vorhandener Geräteschwingungen nicht als Fehler in die Diagrammauswertung eingehen, ist die Eichung bei eingeschaltetem Antrieb vorzunehmen.

d) Stellungnahme zur Arbeitsweise des Schützenabzugsgerätes mit kontinuierlichem Abzug

Die beim Weben, d.h. mit intermittierendem Abzug des Schußfadens, auftretenden Spannungen sind infolge ihres raschen Wechsels nur mit der kapazitiven Meßmethode richtig erfaßbar. Dieses Verfahren ist aber zeitraubend und kostspielig. Es wurde deshalb bei den meisten Untersuchungen das induktive Meßverfahren vorgezogen, wobei - wie bereits erwähnt - mit konstanter Fadenabzugsgeschwindigkeit gearbeitet wurde.

Forschungsberichte des Wirtschafts- und Verkehrsministeriums Nordrhein-Westfalen

Aus nachstehenden Gründen ist die Anwendung einer gleichbleibenden Fadengeschwindigkeit bei der vergleichenden Prüfung der Schußfadenspannung zu rechtfertigen:

Im Augenblick der Ruhe des Webschützen in einem der Schützenkästen ist jeweils eine mehr oder minder große Entfernung zwischen Fadenauge und Gewebekante vorhanden, so daß sich bei Einleitung der Schützenbewegung zunächst eine Fadenschlaufe bildet und erst nach Streckung des Fadens während des Schützenfluges der Abzug des Schußfadens mit einer Geschwindigkeit einsetzt, die der Schützenfluggeschwindigkeit gleicht. Die dabei kurzfristig auftretende Beschleunigungskraft für den Faden kann angesichts der geringen Masse des Fadens fraglos vernachlässigt werden.

Der Webschützen erfährt auf seinem Weg von dem einen bis zum anderen Ende der Ladenbahn infolge seiner relativ großen Masse nur eine geringe Geschwindigkeitsminderung durch die Reibung des Schützen an Riet und Kette, die Bremswirkung des Schußfadens und den Luftwiderstand. Sie beträgt durchschnittlich 3 - 5 % der Höchstgeschwindigkeit je nach Einstellung des Webstuhles, d.h. Art des Faches, Zeitpunkt des Schlages, der Fachbildung usw. Somit kann die Geschwindigkeit des Schützen praktisch als konstant angenommen werden. Die mit gleichbleibender Fadenabzugsgeschwindigkeit aufgenommenen Diagramme können somit ohne nennenswerte Fehler als eine Aneinanderreihung der im Webprozeß periodisch auftretenden Schußfadenspannungen angesehen werden. Diesbezüglich sei auch noch auf Abschnitt IV 5 dieses Berichtes verwiesen.

e) Messung des Fadenballonaustrittes aus dem Webschützen

Zur Veranschaulichung des bei unausgekleideten Spindel- und Automatenwebschützen in vielen Fällen während des Fadenabzuges über die Schützenwandungen hinaus auftretenden Fadenballons wurde dieser fotografisch unter Zuhilfenahme einer Robot-Kamera, eines Lichtblitzstroboskops und einer an dem zu beobachtenden Webschützen angebrachten Skala mit Millimetereinteilung festgehalten.

Eine am Stroboskop eingestellte Blitzfrequenz steuert hierbei einen Serienblitzer, welcher wiederum mit dem Auslöser der Robot-Kamera in Verbindung steht. Bei Bestätigung der Auslösung des Kameraverschlusses ergab sich bei einer Öffnungszeit von 1/5 s und einer eingestellten

Forschungsberichte des Wirtschafts- und Verkehrsministeriums Nordrhein-Westfalen

Frequenz von 8500 Blitzen je min eine Blitzfolge, die das Negativ $\frac{8500}{60 \cdot 5}$ = ca. 28 mal belichtet.

Außerdem wurden auch Beobachtungen über das Auftreten von Fadenballons ohne Einsatz besonderer Geräte durchgeführt.

IV. Versuchsergebnisse

1. Spulen und ihre Herstellung

Die in Strangform angelieferten Flachs- und Flachswerggarne und in Drosselkops vorliegenden Baumwollgarne wurden vor dem eigentlichen Schußspulen auf Exzenter-Kreuzspulmaschinen umgespult. Eine Ausnahme bildete das Leinengarn Nm 36, das auf einer Maschine für konische Parallelspulen vorbereitet wurde.

Die für die Schußfadenspannungsmessungen verwendeten Spulen sind in der bereits besprochenen Abbildung 1 zusammengestellt, in die auch die Spulenabmessungen eingetragen sind.

Vier Schlauchkopsgrößen verschiedener Länge und Stärke (1 - 4) wurden gegenübergestellt. An Spulen mit kurzem konischen Ansatz (5) wurde nur eine Ausführung in die Untersuchung einbezogen.

Automatenspulen standen in zwei unterschiedlichen Formen in Bezug auf Stärke und Hülsenausführung zur Verfügung. Während die Hülse der Automatenspule 7 stärker ausgebildet ist, eine gleichmäßige Steigung ohne besonderen konischen Ansatz und einen glatten Schaftteil ohne Riefen besitzt, hat die Hülse der Automatenspule 6 einen dünneren Schaft mit einem in schwacher Steigung verlaufenden, gerieften Konusansatz.

Die drei nächsten Spulen 8 - 10 haben Holzhülsen mit konischem Ansatz, deren Abweichungen voneinander hauptsächlich in den Abmessungen liegen. Zwischen der kleinsten (8) und den beiden längeren Hülsen (9 u. 10) sind zudem Unterschiede in der Schaftausführung und in der Riefung zu erkennen. Die kurze Hülse 8 besitzt einen glatten Schaft und hat eine nur geringe Riefentiefe im Konusansatz. Die Spulen hatten in der Reihenfolge ihrer Ziffern zunehmenden Durchmesser.

An Spulen mit imprägnierter Papierhülse und gleichmäßig verlaufender Steigung waren drei Formen auf zwei verschiedenen Hülsen (11 u. 12) vorhanden. Die Spulenausführung 11 hat eine geringe Länge und eine dementsprechend

Forschungsberichte des Wirtschafts- und Verkehrsministeriums Nordrhein-Westfalen

kurze Hülse. Die beiden längeren Spulen 12a und 12b unterscheiden sich bei gleicher Hülse lediglich im Bewicklungsdurchmesser.

Die letzte Spulengruppe enthält Reyonspulen. Spule 13 hat eine Bakelithülse mit Konusansatz. Die in der Länge gleiche Spule 14 wird von einer Hülse aus imprägniertem Papier ebenfalls mit Konusansatz getragen. Die Spulen 15a und 15b haben eine größere Länge und unterscheiden sich dadurch, daß die Hülse 15a eine gleichmäßige Steigung aufweist, während die Hülse 15b wiederum einen konischen Ansatz besitzt. Die Spulen 13 bis 15 hatten gleichen Durchmesser.

In Tabelle 1 sind die Spulen in der gleichen Reihenfolge wie in Abbildung 1 aufgeführt. In der Tabelle sind die Spulenarten, die für die Schußspulenherstellung benutzten Maschinen, die angewandten Fadengeschwindigkeiten in m/min[2], ermittelt bei Garn Nm 20, die angenäherten Spindelumdrehungen, die auf einen Fadenführerdoppelhub entfallen, die mittleren Hülsen- und Spulengewichte sowie die sich daraus ergebenden mittleren Nettogarngewichte der Spulen enthalten. Die im einzelnen benutzten Spulmaschinen sind bereits in Abschnitt III, 2 besprochen worden.

Die mittleren Fadengeschwindigkeiten der einzelnen Maschinen lagen zwischen 50 - 380 m/min. Die geringste Leistung hatte mit 50 m/min die für die Spulen 5 benötigte englische Trichterspulmaschine. Die Fadengeschwindigkeit des für die Herstellung der Spulen 1 benutzten Schweiter-Schlauchkops-Automaten lag im Vergleich zu den übrigen Maschinenleistungen mit 70 m/min ebenfalls niedrig. Begründet wurde diese niedrige Fadengeschwindigkeit mit der Rücksicht auf die Verarbeitung empfindlicher, feiner Leinengarne. Die anderen für die Kops 2 - 4 verwendeten Schweiter-Schlauchkops-Automaten arbeiteten mit 110 m/min. Auch die für Spule 8 benutzte amerikanische Leesona-Spulmaschine hatte eine Fadengeschwindigkeit von 100 m/min. Sie war in ihrer Leistung gedrosselt, da auf ihr ebenfalls feine Leinengarne gespult wurden. Die für die Spulen 7, 10 und 11 - 15 verwendeten Hacoba-Automaten waren auf Fadengeschwindigkeiten von 190 bis zu 330 m/min eingestellt und überschritten damit die Leistungen der bisher genannten Maschinen wesentlich. Auch der für die Spulen 10 vergleichsweise eingesetzte Schweiter-Spulenautomat lag mit 210 m/min in diesem Leistungsbereich.

---

2. Das Spulen erfolgte mit Geschwindigkeiten, die bei den betreffenden Maschinen im praktischen Betrieb vorgefunden wurden

Tabelle 1

Schußspulenherstellung

Spulenart	Bez.	Spulmaschine	Mittl. Fadengeschw. m/min	Spindel-Umdr. je D.-Hub	Hülsengewicht g	Spulengewicht g	Fassgs.-vermögen g
Schlauchkops	1	Schweiter-Aut. MT	70	2,2	–	46	46
	2	Schweiter-Aut. MT	110	2,2	–	90	90
	3	Schweiter-Aut. MT	110	2,2	–	91	91
	4	Schweiter-Aut. MT	110	2,2	–	105	105
Spulen mit kurzem Konus	5	Trichter-Spulmasch.	50	3,0	22	87	65
Automatenspulen	6	Schlafh.-Autocopser SE 1	380	13,0	50	83	33
	7	Hacoba-Vierspdl. Aut.SSA	250	12,5	34	72	38
Spulen mit Holzhülse	8	Leesona-Spulmasch.	110	14,0	18	37	19
	9	Schlafh.-Autocopser SE 1	380	13,0	28	65	37
	10	Schweiter-Aut. MS	210	15,0	36	116	80
		Hacoba-Vierspdl.-Aut.SSA	330	16,0	36	116	80
Spulen mit Papierhülse	11	Hacoba-Vierspdl.-Aut.SSA	210	12,5	14	34	20
	12a	Hacoba-Vierspdl.-Aut.SSA	210	16,5	18	43	25
	12b	Hacoba-Vierspdl.-Aut.SSA	290	13,0	18	58	40
Reyonspulen	13	Hacoba-Vierspdl.-Aut.SSA	190	12,0	14	35	21
	14	Hacoba-Vierspdl.-Aut.SSA	215	16,5	15	37	22
	15a	Hacoba-Vierspdl.-Aut.SSA	215	16,5	22	47	25
	15b	Hacoba-Vierspdl.-Aut.SSA	215	16,5	25	51	26

Noch höhere Fadengeschwindigkeiten waren bei den Schlafhorst-Autocopsern mit 380 m/min zu verzeichnen. Diese Maschinen wurden für die Spulen 6 und 9 benutzt.

Die Spindelumdrehungen, die auf einen Fadenführerdoppelhub entfallen, sind bei den Schlauchkops und den schlauchkopsähnlichen Spulen mit 2,2 - 3 sehr niedrig, wie dies für hülsenlose Spulen im Interesse ihrer Stabilität erforderlich ist. Bei Spulen auf durchgehenden Hülsen gehört eine größere Anzahl von Spindelumdrehungen zu einem Fadenführerhub. Dies hat den Vorteil, daß der Übergang von kleinstem zu größtem Bewicklungsdurchmesser allmählich vor sich geht und die auftretenden Fadenspannungsspiele ruhiger werden, wodurch die Möglichkeit höherer Spulgeschwindigkeiten gegeben ist. Die dabei benutzten Spulmaschinen arbeiteten mit 12 - 16,5 Spindelumdrehungen je Doppelhub.

Eine Betrachtung der Hülsen läßt die hohen Gewichte der Automatenspulenhülsen 6 und 7 und der großen Holzhülse mit Konusansatz 10 hervortreten. Sie sind im ersteren Falle durch die erforderliche Stabilität für den Wechselvorgang, im zweiten Falle durch die Abmessungen bedingt. Alle übrigen Hülsengewichte bewegten sich in normalen Grenzen, u.zw. zwischen 14 und 28 g. Der für die Spule 5 verwendete kleine Konus hat infolge seiner massiven Ausführung ein verhältnismäßig hohes Gewicht.

Bei der Angabe des Garnfassungsvermögens wurde für die Spulen 1-12 als Material Leinengarn Nm 21 zugrunde gelegt. Für Baumwollgarne sind diese Gewichte infolge größerer Garnfülligkeit niedriger einzusetzen. Das angegebene Fassungsvermögen für die mit 13 bis 15 bezeichneten Garnkörper bezieht sich auf Viskose-Reyon 300 den. Die Garngewichte der Schlauchkops 1 - 4 und der schlauchkopsähnlichen Spule 5 sind im Vergleich zu denen der übrigen Spulen groß, je nach Kopsgröße 46 - 105 g. Dies Nettogewicht wird nur von der großen Spule 10 mit 80 g erreicht. Der Garninhalt der anderen Spulen mit Hülsen ist wesentlich geringer (19 - 40 g).

Die hinter den Fadenbremsen gemessenen Spulspannungen sind in Tabelle 2 zusammengefaßt. Die höchsten Spannungen mußten für die Herstellung der Schlauchkops und schlauchkopsähnlichen Spulen eingehalten werden, wie die beiden ersten Reihen der Tabelle 2 zeigen. Bei Nm 20 bzw. 21 mußte auf dem Schweiter-Schlauchkops-Automaten zur Erzielung eines stabilen Kops eine Spannung von 140 g angewandt werden. Bei der englischen Trichterspulmaschine war zur Erzeugung des Kops eine geringere Fadenspannung

Tabelle 2

Spulspannungen in g

Spulmaschine	Flachswerg Nm 7,2	Nm 12	Nm 21	Flachs Nm 36	Nm 60	Nm 20	Baumwolle Nm 40	Nm 85	Reyon Nm 30
Schweiter-Schlauch-kops-Automat MT	190	170	140	110	-	140	-	-	-
Engl. Trichterspul-maschine	150	120	90	60	-	90	-	-	-
Leesona-Spul-maschine	-	70	40	30	20	40	25	20	-
Schlafhorst-Auto-copser SE 1	90	80	60	40	-	60	-	-	-
Schweiter-Spul-Automat MS	90	80	60	40	-	60	-	-	-
Hacoba-Vierspindel-Automat SSA	100	90	70	50	30	70	40	30	60

von 90 g für das genannte Garn erforderlich. Dies ist dadurch bedingt, daß die Spulung auf der Trichterspulmaschine unter hohem Anpreßdruck von ca. 6,5 kg gegen einen feststehenden großflächigen Metalltrichter erfolgt, während der Kop bei seiner Bildung auf dem Schweiter-Automaten mit einem geringeren Druck von nur ca. 2,5 kg gegen einen rotierenden Stahlkegel gepreßt wird. Deshalb bedarf es im letzteren Falle einer höheren Aufwindespannung.

Als nächste Schußspulmaschine ist in der Tabelle die amerikanische Leesona-Maschine angeführt, die sich durch die geringsten Spulspannungen auszeichnet (40 g bei Nm 20 bzw. 21). Diese sind auf die bereits im Abschnitt III 2 bei der Spulenherstellung angegebene Einrichtung zurückzuführen, durch die die Fadenspannung bei der Bewicklung der Spulenspitze derart beeinflußt wird, daß eine spannungsausgleichende Wirkung hervorgerufen wird. Die in gleicher Höhe liegenden Fadenspannungen für den Schlafhorst-Autocopser SE 1 und den Schweiter-Spulautomaten MS mußten gegenüber der vorstehend genannten Leesona-Spulmaschine etwas höher gehalten werden (60 g). Wiederum etwas höher (70 g) waren die Spulspannungen bei dem Hacoba-Vierspindel-Automaten SSA zu wählen. Immerhin liegen auch sie, verglichen mit den bei den Schlauchkopsmaschinen anzuwendenden, niedrig. Die notwendige Staffelung der Spannungen bei den verschiedenen Garnnummern geht deutlich aus der Tabelle hervor. Je größer die Nummer des umzuspulenden Garnes, desto höher müssen für gleichfeste Spulen die Fadenspannungen eingestellt werden.

Werden die Fadenspannungen für die verschiedenen Spulmaschinen über den Garnnummern graphisch aufgetragen, so ergeben sich nicht lineare, sondern hyperbolische Abhängigkeiten, die für die einzelnen Spulmaschinen verschieden steil verlaufen. Natürlich sind derartige Kurven nur Annäherungsbilder, da die Beurteilung der angestrebten Spulenhärte nur subjektiv erfolgte.

2. Webschützen

Zur Untersuchung der sich beim Weben ergebenden Schußfadenspannungen wurden die in Abbildung 1 gezeigten, in Größe und Aufmachung voneinander abweichenden Spulen bzw. Kops aus geeigneten, den Garnkörpern angepaßten Webschützen abgezogen. Tabelle 3 gibt eine Zusammenstellung der benutzten Webschützen. Der besseren Übersicht halber sind die zueinander gehörenden

Tabelle 3

Webschützen

Webschützenart	Bez.	Faden-bremsung	Abmessungen L. mm	B. mm	H. mm	Gewicht*) g	Fassgs.-Vermögen g
Deckelschützen	1	Ösen	365	40	32	352	46
	2	Stahlfeder	370	43	35	436	90
	3a	Stahlfeder	390	48	37	458	91
deckelloser Schlauchkopfschützen	3b	Walzen	425	48	37	421	91
Deckelschützen	4	Ösen	425	50	41	541	105
Spindelschützen	5	Plüsch	385	46	34	371	65
Automatenschützen	6a	Borsten	400	46	32	440	33
	6b	Schlaufen	400	46	32	447	33
	7	Borsten	420	48	35	455	38
Spindelschützen	8	Plüsch	370	46	35	376	19
	9	Plüsch	400	46	36	483	37
	10	Plättchen	435	47	39	473	80
	11	Plüsch	340	38	29	270	20
	12	Plüsch	385	46	34	a) 360 / b) 360	a) 25 / b) 40
Reyon-Spindel-schützen	13	Plüsch	400	40	31	332	21
	14	Plüsch	380	42	33	360	22
	15	Plättchen	400	43	34	a) 375 / b) 378	a) 25 / b) 26

*) einschl. leerer Hülse

Forschungsberichte des Wirtschafts- und Verkehrsministeriums Nordrhein-Westfalen

Spulen und Webschützen mit gleichen Ziffern versehen, d.h. beispielsweise, daß in Schützen 5 die Spule 5 geprüft wurde. Der Tabelle sind für die einzelnen Webschützen Art der Fadenbremsung, Längen-, Breiten- und Höhenabmessungen, Gewicht einschließlich leerer Hülse und Garnfassungsvermögen (vergl. Tab. 1) zu entnehmen.

Abbildung 4 enthält die schematische Darstellung der bei den anschließend zu besprechenden Schützen angewandten Fadenbremsen.

Die Innenwandungen der Deckelschützen 1 und 4 waren zur Sicherung der Schlauchkops mit Plüsch ausgekleidet. Die Fadenbremsung erfolgte durch eine Stahlösenanordnung mit Umlenkung des Fadens. Deckelschützen 2 und 3a hatten anstelle der Plüschauskleidung Einfräsungen an den Wandungen des Innenraumes. Während Schützen 2 derartige Einfräsungen auch noch am Boden besaß, war der Schützen 3a am Boden mit einem leicht gespannten, hohlliegenden Gummiband mit sägezahnartiger Oberfläche ausgestattet. Dieses elastische Band erlaubt ein Einlegen der Kops ohne Pressung. Bei den Webschützen 2 und 3a waren für den Faden Stahlfederbremsen vorgesehen. Eine Blattfeder wirkt gegen einen Querstift, unter dem der Schußfaden abläuft. Auf der Blattfeder ist zur Fadenführung eine Öse angebracht. Die Stärke der Bremsung kann durch eine Stellschraube reguliert werden.

Bei den Webschützen 1, 2, 3a und 4 handelte es sich um solche mit Deckel aus Stahlblech, während der Webschützen 3b deckellos war. Am oberen Rand der Innenflächen dieses Schützens waren gezackte Gummistreifen eingelassen, die federnd ein Herausdrücken der Schlauchkops verhindern. Damit bei ablaufender Spule der Garnrest nicht herausgezogen wird, waren am Ende des Schützeninnenraumes besondere Kopshalteborsten eingelassen. Als Fadenbremsung diente eine Anordnung von mehreren lose übereinander liegenden Wälzchen.

Für die schlauchkopsähnlichen Spulen mit kurzem Konus war ein Spindelschützen 5 vorgesehen, wie er dem Aufbau nach auch für die mit 8 - 15 bezeichneten Spulen mit Holz- und Papierhülsen Verwendung fand. Die Bremsung des Fadens erfolgte bei Schützen 5 durch eine Plüscheinklebung, über die der Schußfaden unter einem Stahlstift gleitet. Bei den übrigen Spindelschützen traten Abweichungen von dieser Bremsung bei 9 und 10 auf. Spindelschützen 9 hatte eine Bremsung durch Plüscheinlagen, die den ablaufenden Faden beidseitig umschließen, Spindelschützen 10 eine Bremse bestehend aus zwei unter Federkraft stehenden Plättchen, die je nach

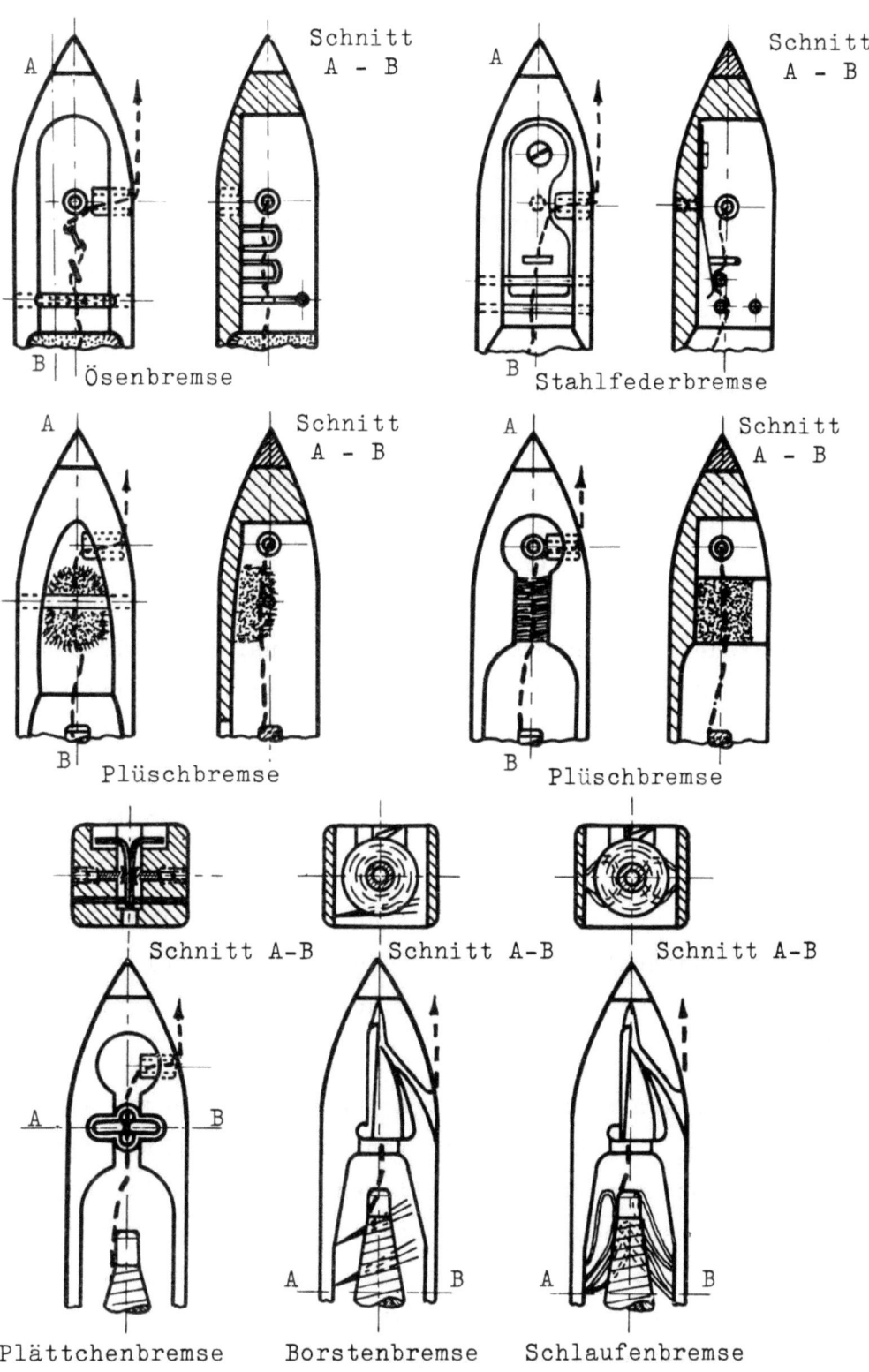

Abbildung 4
Schußfadenbremsen

eingestellter Vorspannung eine mehr oder weniger starke Abbremsung des durchlaufenden Fadens bewirken.

Die mit 6 und 7 bezeichneten Automatenschützen sind durch Fadenbremsen gekennzeichnet, die ein selbsttätiges Einfädeln erlauben. Die Bremsung wurde bei Schützen 6a durch seitlich eingesetzte Borsten, die in Ablaufrichtung des Fadens stehen und auf diesen von unten her einwirken, erreicht. Bei Schützen 6b waren anstelle der Borsten je zwei an beiden Innenwandungen des Schützen angebrachte Perlonschlaufen getreten. Der Automatenschützen 7 ist wiederum mit Borsten ausgerüstet, die jedoch hier an beiden Seitenwandungen des Schützen angebracht sind und sowohl von unten als auch von oben her bremsend wirken. Die Einfädler waren bei den Schützen 6a, 6b und 7 als Gußkörper und einheitlich ausgeführt.
Webschützen 13, 14 und 15 waren Sonderausführungen für Reyon. Bei Webschützen 13 wurde die Bremswirkung auf den zwischen zwei Plüschflächen durchlaufenden Faden ähnlich erreicht wie bei Ausführung 9. Schützen 14 besaß in einer im Schützenkopf aufklappbaren Kammer eine Fadenbremse, bestehend aus einem festeingeklebten und einem lose aufgelegten, durch den Deckel angedrückten Plüschstreifen. Schützen 15 hatte außer der Plüschbremse wie bei 13 noch die bereits bei Schützen 10 erwähnte einregelbare Plättchenbremse.

Auf die bei Spindel- und Automatenschützen üblichen Fellauskleidungen zur Dämpfung des Fadenballons sei an dieser Stelle nicht weiter eingegangen. Sie werden bei der Beschreibung der Spannungsdiagramme näher behandelt.

Die Schützenabmessungen weichen je nach den aufzunehmenden Garnkörpern voneinander ab. Ihre Längen schwanken von Spitze zu Spitze gemessen zwischen 340 und 435 mm. Die Breiten variieren in dem Bereich von 38 und 50 mm und die Höhe bei Messungen der Schützenhinterwand von 29 bis 41 mm. Die durch den Winkel zwischen Ladenbahn und Webblatt bedingten Abschrägungen der Schützenhinterwände lagen bei maximal 6° von der Senkrechten. Sie sind für die Betrachtungen ohne Bedeutung und wurden deshalb nicht besonders registriert.

Die Webschützengewichte sind durch unterschiedliche Abmessungen, Holzart und Ausstattung ebenfalls voneinander abweichend. Sie wurden in Tabelle 3 einschließlich Gewicht der leeren Hülse aufgenommen. Der leichteste zu den Untersuchungen herangezogene Webschützen und annähernd auch der kleinste (11) wiegt einschließlich leerer Hülse 270 g. Das höchste Schützengewicht liegt bei dem größten geprüften Deckelschützen (4), es beträgt 541 g.

Die Tabelle 3 enthält ferner die Zahlen für das Garnfassungsvermögen der Schützen bzw. der zugehörigen Spulen. Sie sind bei der Besprechung der Tabelle 1 bereits behandelt worden. Hier interessieren sie in ihrem Verhältnis zu den Gewichten der Schützen ohne Garn. Ist einerseits ein grosser Garninhalt der Spule wirtschaftlich von Vorteil, so kann andererseits ein diesbezüglich allzu günstiges Verhältnis zwischen Garninhalt und Schützengewicht für einen ruhigen und ausgeglichenen Webstuhllauf nachteilig werden, wie an anderer Stelle noch anzuführen sein wird. Das höchste Verhältnis zwischen Garninhalt und Gewicht des leeren Schützens hat der deckellose Schützen 3b mit 0,22. Ähnlich liegen die Zahlen bei den anderen Schützen für Kops und kopsartige Spulen, abgesehen von der ganz kleinen Ausführung 1. Demgegenüber haben die Spindel- und Automatenschützen mit Ausnahme des großen Schützen 10 (0,17) Verhältniszahlen von 0,05 - 0,11 zwischen Garn- und Schützengewicht.

3. Induktive Schußfadenspannungsmessungen

Der größte Teil der im vorliegenden Bericht zusammengestellten Schußfadenspannungsdiagramme wurde nach der induktiven Meßmethode aufgenommen. Diese Diagramme sind stets von rechts nach links zu lesen. Daten über Prüfgeschwindigkeit, Papiervorschub, geprüfte Fadenlänge, Garnart und -nummer sowie der Maßstab für die Fadenbelastung sind in jedem Schaubild gesondert angegeben. Bei etwaigen Vergleichen ist besonders auf Papiervorschub und Maßstab zu achten, die ja nach Spulengröße und Garn zweckentsprechend variiert werden mußten.

a) Verhalten verschiedener Spulenausführungen in Schützen mit gleichen Abmessungen

Bevor mit Spannungsuntersuchungen an den einzelnen Spulen begonnen wurde, erfolgten vergleichende Ablaufversuche mit einigen wesentlichen Kops- bzw. Spulengattungen, zu denen in ihren Abmessungen annähernd gleichgroße Schützen herangezogen wurden, u.zw. gemäß Tabelle 3: Deckelschützen 3a, Spindelschützen 5, Automatenschützen 6a, Spindelschützen 12.

Forschungsberichte des Wirtschafts- und Verkehrsministeriums Nordrhein-Westfalen

Die Versuche wurden mit folgenden Garnen ausgeführt: Flachswerggarne Nm 7 und Nm 12, Flachsgarne Nm 21 und Nm 36 und Baumwollgarn Nm 20.

Einige der beim Abzug von Schlauchkops aus Deckelschützen 3a erhaltenen Diagramme zeigt Abbildung 5. Als charakteristisch ist zunächst in Diagramm 1 das Schaubild für Flachsgarn Nm 21 gezeigt. Es weist von Anfang bis zum Ende des Ablaufes eine gleich hohe Spannung mit verhältnismäßig geringem Spiel auf. Nur einmal ist eine Spitze aufgetreten, die auf das Haken des Fadens hinter der Stahlfederbremse zurückzuführen war, und die in der Praxis unweigerlich zu einem Fadenbruch geführt hätte. Bei der Meßeinrichtung entstand ein Schlupf des Fadens an den Abzugswalzen, worauf das Gerät abgestellt worden war. Ein weiterer Fehler in dem Diagramm ist für unsere Betrachtung uninteressant, weil lediglich auf das Abzugsgerät zurückzuführen.

Das in Diagramm 1 gezeigte Spannungsbild wiederholt sich mit mehr oder weniger großen Abweichungen bei allen anderen Leinengarnen und bleibt grundsätzlich auch bei dem Baumwollgarn erhalten. Bei dem groben Flachswerggarn Nm 7 ist das Spannungsspiel naturgemäß stärker ausgeprägt. Ein Ausschnitt dieses Ablaufdiagramms ist in Diagramm 2 in Abbildung 5 gezeigt. Dabei ist auf den größeren Papiervorschub und den veränderten Spannungsmaßstab zu achten. Das Diagramm zeigt auch die Auswirkungen einer für Schlauchkops charakteristischen Schlaufenbildung, die während des Abzuges einmal eingetreten ist und die zu einem Spannungsabfall mit nachfolgender Spannungsspitze führte. Das Abzugsdiagramm des Schlauchkops bei Flachswerggarn Nm 12 unterschied sich von Diagramm 1 für Flachsgarn Nm 21 nur wenig. Schlechter sieht das Kopsabzugsdiagramm bei Nm 36 aus (Diagr. 3 in Abb. 5). Auch bei Berücksichtigung des veränderten Maßstabes und des kleineren Papiervorschubs ist ein unruhigeres Verhalten des Fadens zu erkennen.

Endlich veranschaulicht Diagramm 4 in Abbildung 5 den Spannungsverlauf bei Abzug eines Baumwollgarnes Nm 20. Es ist - wie schon gesagt - demjenigen bei dem gleich starken Flachsgarn analog. Allerdings läßt das Diagramm bei der geprüften Garnlänge von 1360 m zwei Schlaufen erkennen, von denen sich eine während des Ablaufs gestreckt hatte, die andere jedoch einen Stillstand verursachte. Die stärkere Schlaufenbildung bei dem Baumwollgarn wird durch einen hohen Radialdruck begünstigt, der infolge einer gegenüber dem Leinengarn höheren elastischen Dehnung des

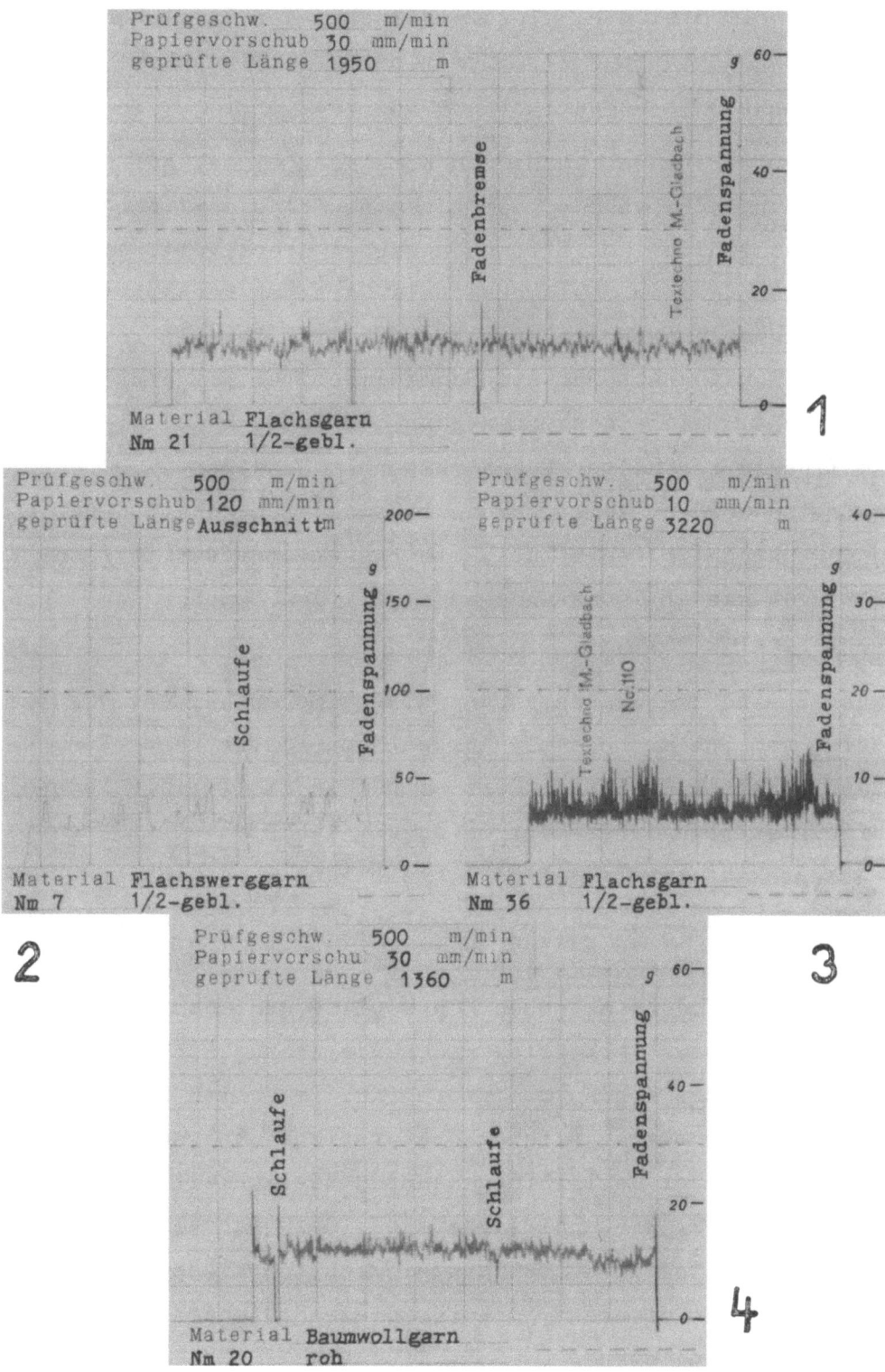

Abbildung 5
Schlauchkops
Schußfadenspannungsmessungen

Baumwollgarnes beim Spulen ein Zusammendrücken der Garnlagen herbeiführt. Die dadurch verursachte innere Deformation der Schlauchkops wirkt sich auf einen einwandfreien Garnablauf hemmend aus.

Zusammenfassend ist für den Abzug von Kops noch einmal auf die konstantbleibende Spannungshöhe während der gesamten Ablaufzeit hinzuweisen, dem sich ein unterschiedlich hohes Spannungsspiel überlagert. Auftretende Schlaufen bleiben für den Schlauchkop als Garnkörper charakteristisch. Sie sind bei Baumwollgarnen besonders auffällig. Deshalb kommt im großen und ganzen der Schlauchkop für die Baumwollweberei mit 3-Zylindergarnen nicht in Betracht. Bei Leinengarnen kann der Häufigkeit der Schlaufenbildung durch Einsatz besonderer Fadenbremsen im Schützen (z.B. Ösenbremse) entgegengetreten werden. Meist werden aber dadurch Höhe und Verlauf der Fadenspannung ungünstig beeinflußt. Ein besseres Hilfsmittel zur Verhütung des Abzuges ganzer Garnwindungen stellt das Dämpfen des Schußkops vor der Verwebung dar[3].

In Abbildung 6 sind die Fadenspannungsdiagramme enthalten, die beim Abzug der Garne vom Schlauchkop mit kurzem Konus unter Verwendung des Spindelschützens 5 entstanden sind. Ganz allgemein ist für die Fadenspannung bei dem erfolgten Abzug über Kopf zu sagen, daß sie vom Anfang bis zum Ende des Abzuges auf konstanter Höhe bleibt und einen ruhigen Verlauf hat, bei dem Spitzen praktisch nicht auftreten. Lediglich beim Abzug der letzten Lage kann sich eine Spitze herausbilden, die bedingt ist durch ein Einklemmen des Fadens zwischen Konusspitze und Schützenspindel, oder durch ein mit dem Konus verklebtes Fadenende, verursacht durch das notwendige Anfeuchten des Konus vor Spulbeginn. Im ersten Fall kann die Spannungsspitze eine beträchtliche Höhe erreichen und zum Fadenbruch führen (Diagr. 5), bei der weiterhin genannten Möglichkeit ist die Spitze wesentlich gedämpfter, wie aus Diagramm 6 - 8 zu ersehen ist. Die beschriebenen Fehler sind u. E. bei neuzeitlicher Spulenherstellung vermeidbar. Es sei daran erinnert, daß für diese Spulenart nur eine alte Maschine zur Verfügung stand.

---

3. Im Rahmen dieser Ausarbeitung konnte gedämpftes Leinengarn nicht zum Einsatz gebracht werden, da am Versuchsort eine Dämpfeinrichtung nicht zur Verfügung stand. Untersuchungen zur Feststellung der Zeitdauer, über die eine Dämpfung der Garne ihre Wirkung behält, wären wünschenswert

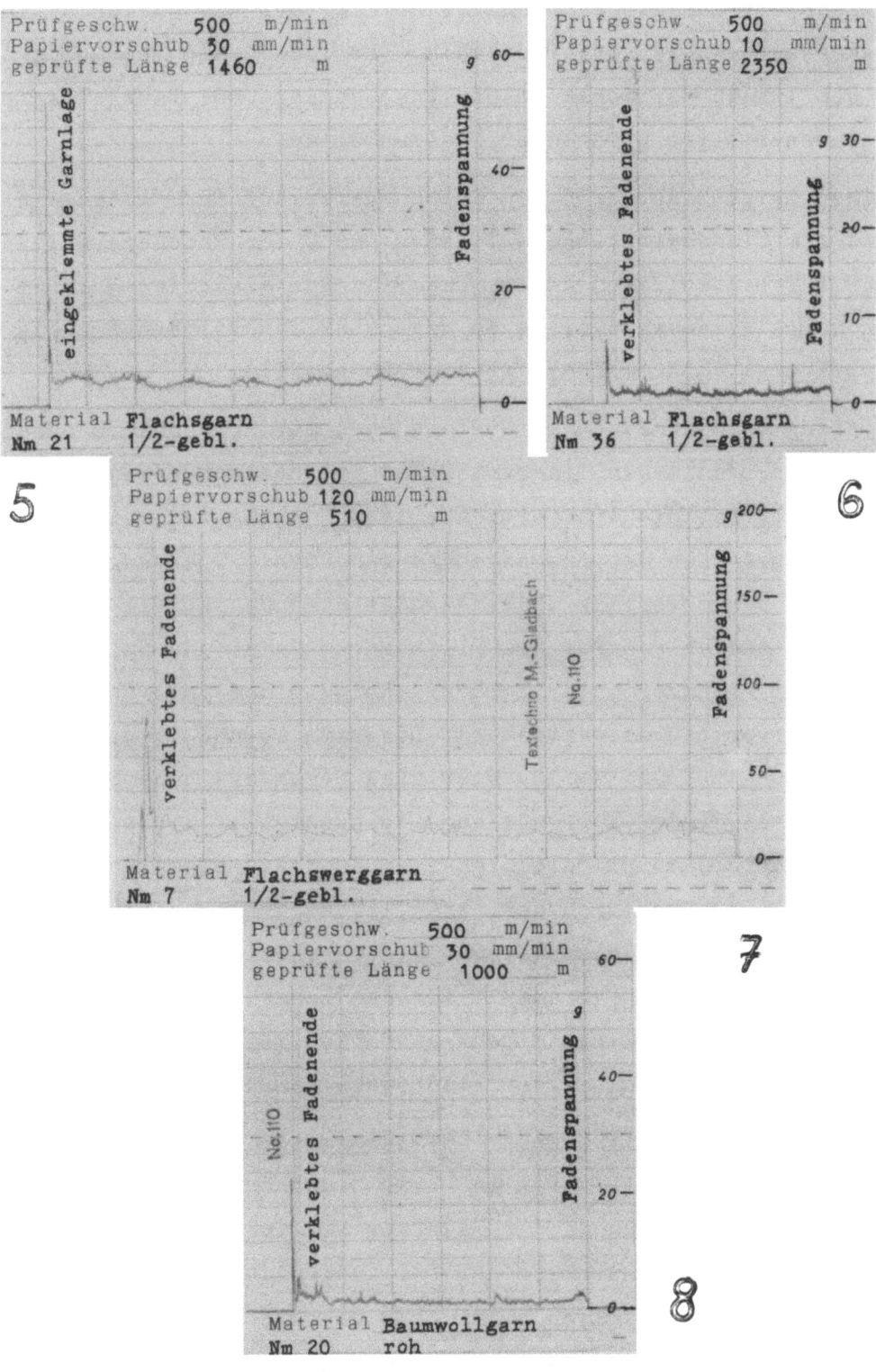

Abbildung 6
Schlauchkops mit Konen
Schußfadenspannungsmessungen

Der bemerkenswert ruhige Spannungsverlauf ist auf die Wirkungsweise der Plüschbremse zurückzuführen. Die Schlaufenbildung, die bei Abzug des Fadens aus dem Innern des Schlauchkops insbesondere bei Baumwollgarnen Störungen verursacht, ist nicht mehr festzustellen.

Im einzelnen zeigt Diagramm 5 den Spannungsverlauf für Flachsgarn Nm 21, Diagramm 6 für Flachswerggarn Nm 7, Diagramm 7 für Flachsgarn Nm 36 und Diagramm 8 für Baumwollgarn Nm 20. Das Bild für Flachswerggarn Nm 12 konnte wieder weggelassen werden, da es gegenüber den Bildern für die beiden feineren Leinengarne Bemerkenswertes nicht enthält.

Die beim Abzug der Garne von Automatenhülsen mit schwachem Konusansatz aus Schützen 6a erhaltenen Diagramme sind in Abbildung 7 zusammengestellt. Charakteristisch ist die mit fortschreitendem Abzug teilweise sehr stark und auf ein Mehrfaches der Ausgangshöhe zunehmende Spannung und ein beachtliches den Gesamtverlauf überlagerndes Spannungsspiel. Diagramm 9 und 12 zeigen den Fadenablauf für die Flachsgarne Nm 21 und Nm 36. Beide Diagramme gleichen einander unter Berücksichtigung des unterschiedlich eingestellten Papiervorschubes weitgehend. Diagramm 10 und 11 gehören zu den Flachswerggarnen Nm 7 und Nm 12. Hier sind besonders hohe Spannungsspitzen erkennbar. In dieser Form wirken sich nachteilig dicke Garnstellen, Schäben und andere Garnunregelmäßigkeiten aus. Wie wiederholte Beobachtungen ergaben, verhängt sich der Faden leicht hinter derartige Garnstellen und verursacht Spannungsanstiege, die manchmal sogar über den Meßbereich hinausgingen. Rei Diagramm 13 für das Baumwollgarn Nm 20 sind derartige Spitzen naturgemäß nicht mehr vorhanden. Der Verlauf der Spannung entspricht weitgehend den bei dem Flachsgarn gemachten Feststellungen.

Ohne Berücksichtigung auftretender Spitzen steigt die Fadenspannung vom Anfang bis zum Ende des Ablaufes in ihrer Grundhöhe auf etwa das 2- bis 2 1/2-fache an. Diese Zunahme der Spannung verläuft aber nicht ganz stetig. Dies ist auf die Auswirkung der Fellauskleidung im Schützen zurückzuführen. Diese reicht nämlich nicht über die gesamte Länge des Schützeninnenraumes, so daß die von ihr ausgeübte Fadenbremsung von einem bestimmten Zeitpunkt des Abzuges an geschwächt wird. Dieser Zeitpunkt ist bei den Diagrammen 9 und 11 - 13 deutlich zu erkennen, u.zw. dort, wo gegen Ende des Abzuges ein gewisser zeitweiliger Spannungsabfall stattfindet. Nur wenn, wie in Diagramm 10, das Spannungsspiel übergroß wird, ist diese Erscheinung nicht mehr deutlich zu erkennen.

Forschungsberichte des Wirtschafts- und Verkehrsministeriums Nordrhein-Westfalen

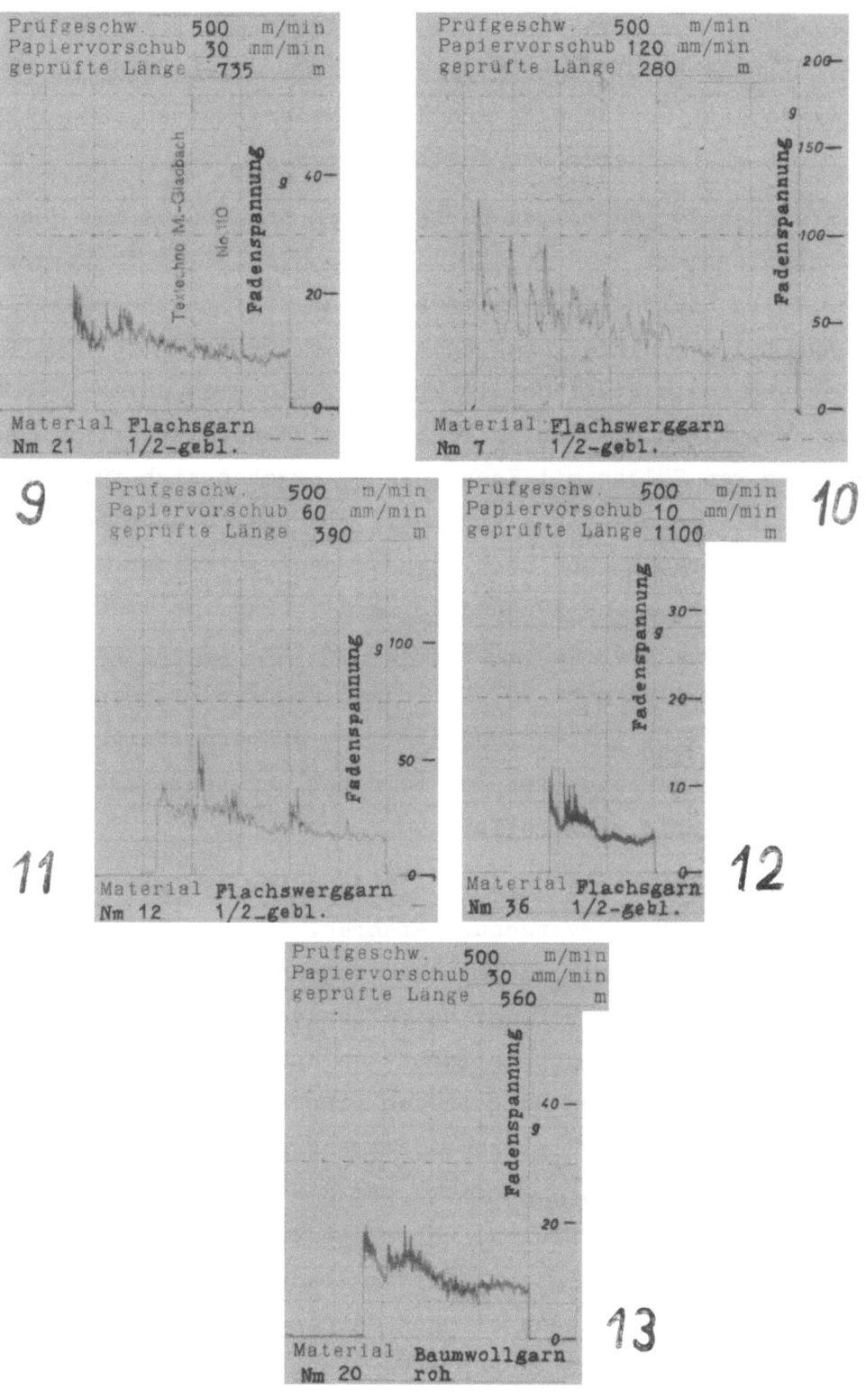

Abbildung 7
Automatenspulen
Schußfadenspannungsmessungen

Zusammengefaßt sei also für den Ablauf von Spulen auf Holzhülsen mit schwachem Konusansatz als charakteristisch die starke Zunahme der Fadenspannung im Verlauf des Abzuges und die Schwierigkeiten, die sich bei Garnunregelmäßigkeiten ergeben, festzustellen.

Die beim Abziehen der Garne von Papierhülsen ohne Konus aus Schützen 12 entstandenen Diagramme enthält Abbildung 8. Sie zeigen im Vergleich mit den bisher betrachteten Abzugsbildern den ungünstigsten Verlauf der Fadenspannung, bei dem diese gegen Ende des Abzuges auf ein Vielfaches der Anfangsspannung ansteigt. Auch die Spitzen, die sich durch Ablaufhemmungen, verursacht durch Garnfehler ergeben, sind noch schärfer ausgeprägt als beim Abzug von Hülsen mit Konus. Somit ergeben sich für diese Hülsenart verstärkt die vorerwähnten Nachteile. Darüber hinaus braucht zur Erläuterung der Diagramme kaum noch etwas gesagt zu werden. Diagramm 14 zeigt die Verhältnisse für Flachsgarn Nm 21, Diagramm 15 und 16 für die Flachswerggarne Nm 7 und Nm 12, Diagramm 17 für Flachsgarn Nm 36 und Diagramm 18 für Baumwollgarn Nm 20. Die durch Garnfehler verursachten Spannungsspitzen, die sich insbesondere bei dem gröberen Werggarn ganz deutlich zeigen, sind natürlich bei den feineren und saubereren Garnen nicht mehr oder nur gedämpft anzutreffen.

Alle Diagramme in den Abbildungen 5 - 8 sind für das gleiche Garn mit einem einheitlichen Papiervorschub gefahren. Aus der Länge der Diagramme kann deshalb bei dem Vergleich der oben genannten Abbildungen die Garnmenge erkannt werden, die bei der betreffenden Garnnummer jeweils auf dem betrachteten Kop bzw. der betrachteten Spule vorhanden ist. Zudem sind die Längen auch zahlenmäßig in den Diagrammen enthalten. Es ergibt sich danach eindrucksvoll die große Garnmenge, die den Kops, vor allen Dingen solchen ohne Konus, eigen ist, und die demgegenüber wesentlich kleineren Fadenlängen der Spulen, wobei die Automatenhülse mit dem Konus verständlicherweise am wenigsten günstig abschneidet. Der Vergleich der Diagrammlängen von verschieden starken Garnen ist nur unter Berücksichtigung des jeweils angewandten Papiervorschubs zulässig.

b) Fadenspannungen bei Schlauchkops

Zur Untersuchung der Spannungsverhältnisse beim Fadenabzug von verschieden großen Schlauchkops wurden die in ihren Abmessungen am stärksten voneinander abweichenden Ausführungen (1 u. 4; Tab. 1 u. Abb. 1) einander

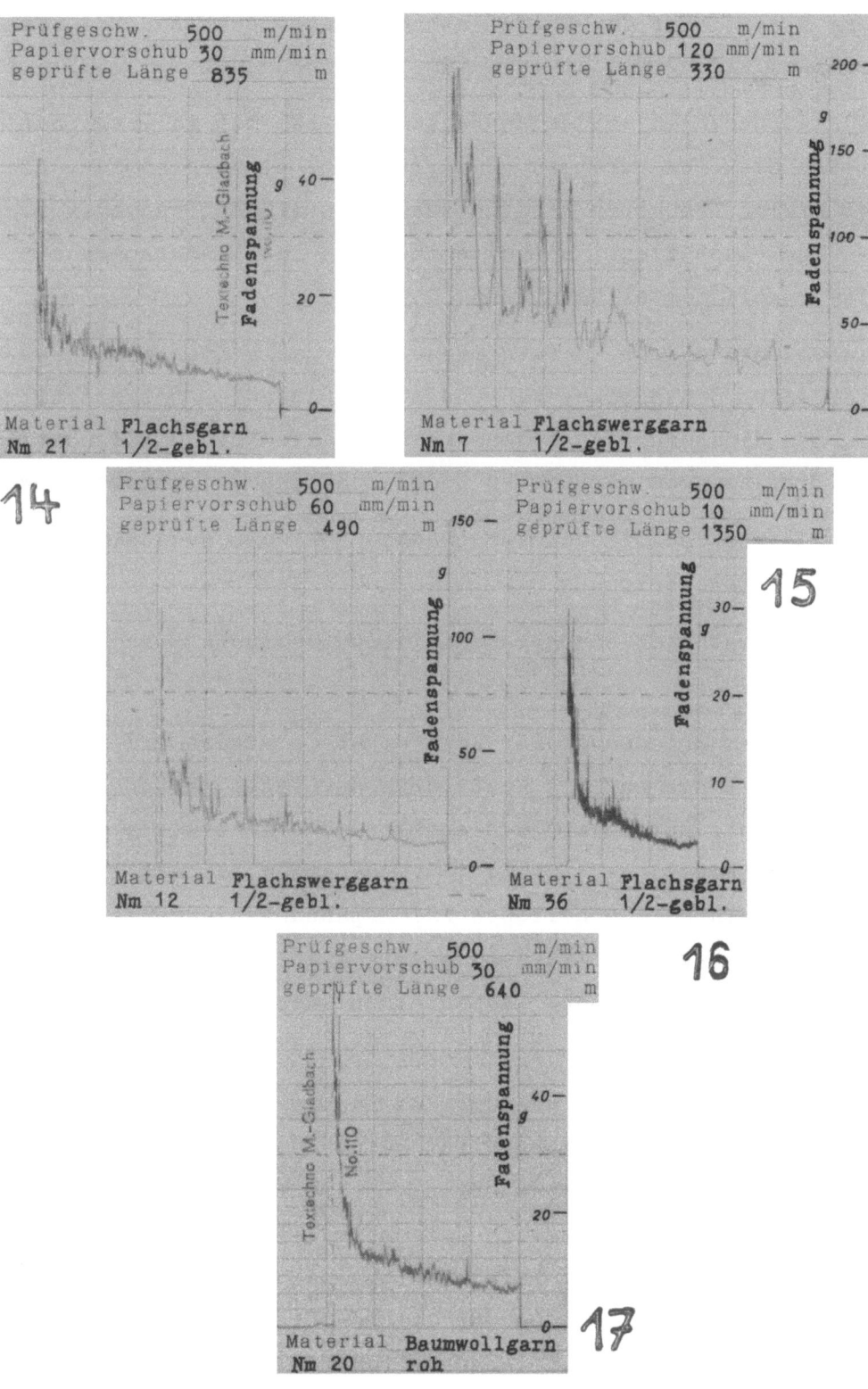

Abbildung 8
Spulen auf Hülsen ohne Konen
Schußfadenspannungsmessungen

gegenübergestellt. Für den Ablauf standen Deckelschützen mit Ösenbremsung und Plüschauskleidung des Innenraumes zur Verfügung.

Weitere Untersuchungen wurden an Deckelschützen mit in ihrer Härte unterschiedlichen Stahlfederbremsen (2 u. 3a; Tab. 3) vorgenommen. Die Innenräume der hierzu benutzten Webschützen waren mit Einfräsungen versehen. Einer der Deckelschützen (3a) hatte im Boden des Innenraumes ein leicht gespanntes, profiliertes Gummiband.

Um festzustellen, ob ein im Durchmesser übermäßig dicker, in den Webschützen eingepreßter Schlauchkop während seines Ablaufes Besonderheiten aufweist, wurden diesbezüglich eigens hergestellte Kops untersucht, die aus einem mit Einfräsungen versehenen Deckelschützen (2) abgezogen wurden.

Der Prüfung eines deckellosen Webschützen (3b) mit gezackten Gummieinlagen dienten weitere Versuche.

Die in diesem Abschnitt beschriebenen Ablaufversuche beschränkten sich auf Leinengarne.

Der Vergleich verschieden großer Kops ergab im großen und ganzen, daß Durchmesser und Länge auf die Ausbildung der Fadenspannung ohne Einfluß sind. Die Versuche wurden mit Schlauchkops d = 22 bzw. 34 mm ∅ bzw. h = 168 und 205 mm (Kops 1 u. 4; Abb. 1) vorgenommen. In Abbildung 9 sind die für Flachswerggarn Nm 7 erhaltenen Fadenspannungsdiagramme gezeigt, u.zw. gehört Diagramm 19 zu dem kleinen, Diagramm 20 zu dem großen Kop. Höhe und Verlauf der Fadenspannung lassen einen Unterschied kaum erkennen. Im Prinzip ähnliche Bilder wurden auch bei den anderen Leinengarnen erhalten.

Bei zweckentsprechender Einfädelung des Fadens in die, den benutzten Deckelschützen eigene Ösenbremsung, trat keinerlei Schlaufenbildung auf, da die Schlaufen durch die Fadenumlenkung in der Bremse geglättet werden. Diese in Abbildung 4 dargestellte Umlenkung des Fadens bewirkt aber, daß die Spannungsschwankungen im Vergleich zu anderen Bremsvorrichtungen erheblich sind. Diese Erscheinung war bei den Diagrammen der feineren Garne, die hier nicht gezeigt werden, gegenüber den Diagrammen 19 und 20 keineswegs verschwunden, sondern blieb auffällig. Die sich bei dieser Ösenbremse einstellende Fadenspannung ist hoch und bedingt auch eine entsprechende Anpassung der Kettspannung. Bei Nm 7 ergab sich eine Fadenspannung von rd. 60 g (Abb. 9), bei Nm 12 wurden rd. 35, bei Nm 21 rd. 17 g gemessen. Eine Herabsetzung der Fadenbremsung kann durch eine Änderung der Einfädelung erzielt werden, indem z.B. nur eine Öse benutzt wird. Durch diese Maßnahme kann auch der Verlauf der Fadenspannung geglättet werden. Dabei geht aber der vorstehend gekennzeichnete Vorteil des Schlaufenausgleichs verloren. Im allgemeinen wird deshalb der Einfädelung durch zwei Ösen der Vorzug gegeben, wenn diese auch noch zusätzlich als umständlich und zeitraubend bezeichnet werden muß.

In Abbildung 9 sind weiter unter den Ziffern 21 und 22 Abzugsdiagramme von Flachswerggarn Nm 12 aus Schützen mit verschieden hart wirkenden Stahlfederbremsen enthalten. Die Bremsen waren so eingestellt, daß in beiden Fällen eine etwa gleiche Grundhöhe der Fadenspannung erreicht wurde. Diagramm 21 zeigt die Wirkung einer weichen, Diagramm 22 einer harten Feder. Die Abbildungen zeigen das wesentlich ungünstigere Verhalten der harten Federung, welche die Spannungsspiele im Vergleich zu dem ruhigen Verlauf bei der weichen Bremse stark in Erscheinung treten läßt. Praktisch gleiche Ergebnisse werden erhalten bei den Versuchen mit Flachswerggarn Nm 7 und Flachsgarn Nm 21. Zweckentsprechende Nachprüfungen ließen eindeutig erkennen, daß als Ursache der erheblichen Fadenspannungen tatsächlich die härtere Feder und nicht etwa die bei den verwendeten Schützen vorhandene Gummibandeinlage in Frage kommt.

Die Stahlfederbremsung erwies sich hinsichtlich Ausgleich auftretender Schlaufen als unwirksam. Es bleibt die Frage, ob durch eine Verstärkung der Fadenbremsung der Schlaufenbildung entgegengetreten werden kann. Als nützlich wird bei der Benutzung einer Stahlfederbremsung eine vorgeschaltete Platte mit einer Bohrung von ca. 3 mm ⌀ angesehen, die ein Verfangen des Fadens an den Kanten der Feder vermeidet und auch Garnschlaufen verringern hilft. Als Vorteil der Stahlfederbremse ist ihre leichte Regulierbarkeit hervorzuheben.

Weitere Untersuchungen galten der Verarbeitung von im Durchmesser übermäßig starker Schlauchkops. Abweichende Durchmesser können in der Praxis bei mangelnder Überwachung der Spulmaschine vorkommen. Allgemein zeigten diese Ablaufversuche, die mit sämtlichen Leinengarnen vorgenommen worden sind, auffallend viele Störungen durch Schlaufen. In Abbildung 10 sind in Diagramm 23 und 24 die Ablaufdiagramme für die Flachsgarne Nm 21 und Nm 36 gezeigt. Der Verlauf der Spannung an sich ist zufriedenstellend, doch sind - wie auch alle anderen Diagramme und Beobachtungen ergeben - Störungsmomente vorhanden. Das Einpressen zu großer Kops läßt eine

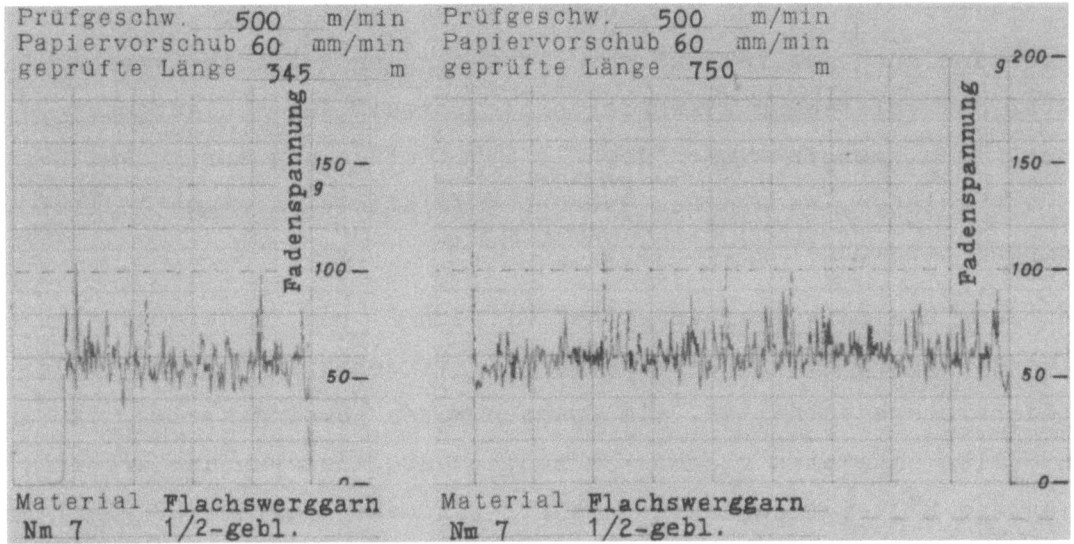

19 kleiner Kop **20** großer Kop

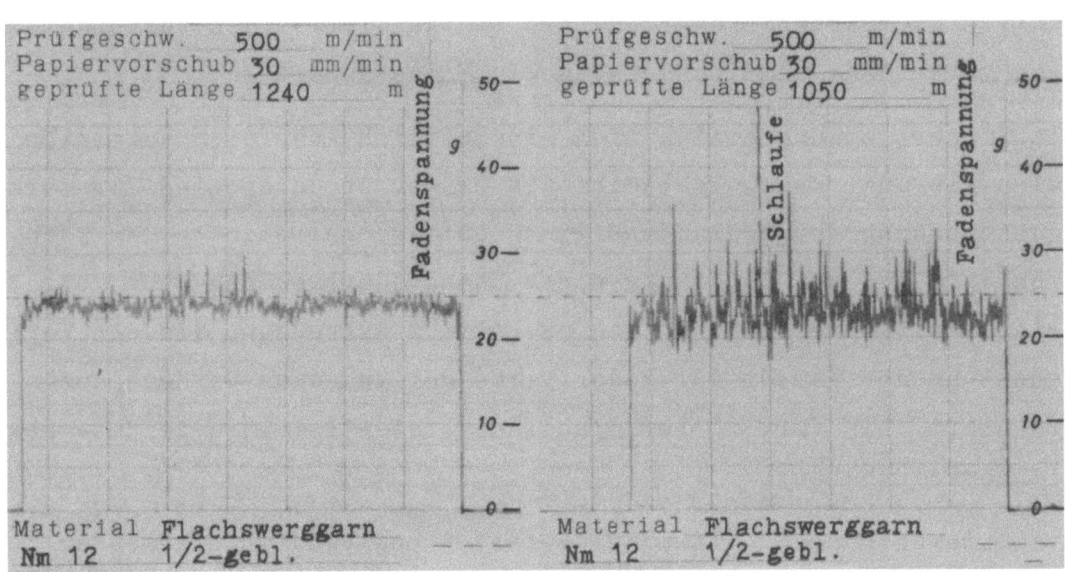

21 weiche Bremse **22** harte Bremse

Abbildung 9
Schlauchkops
Schußfadenspannungsmessungen

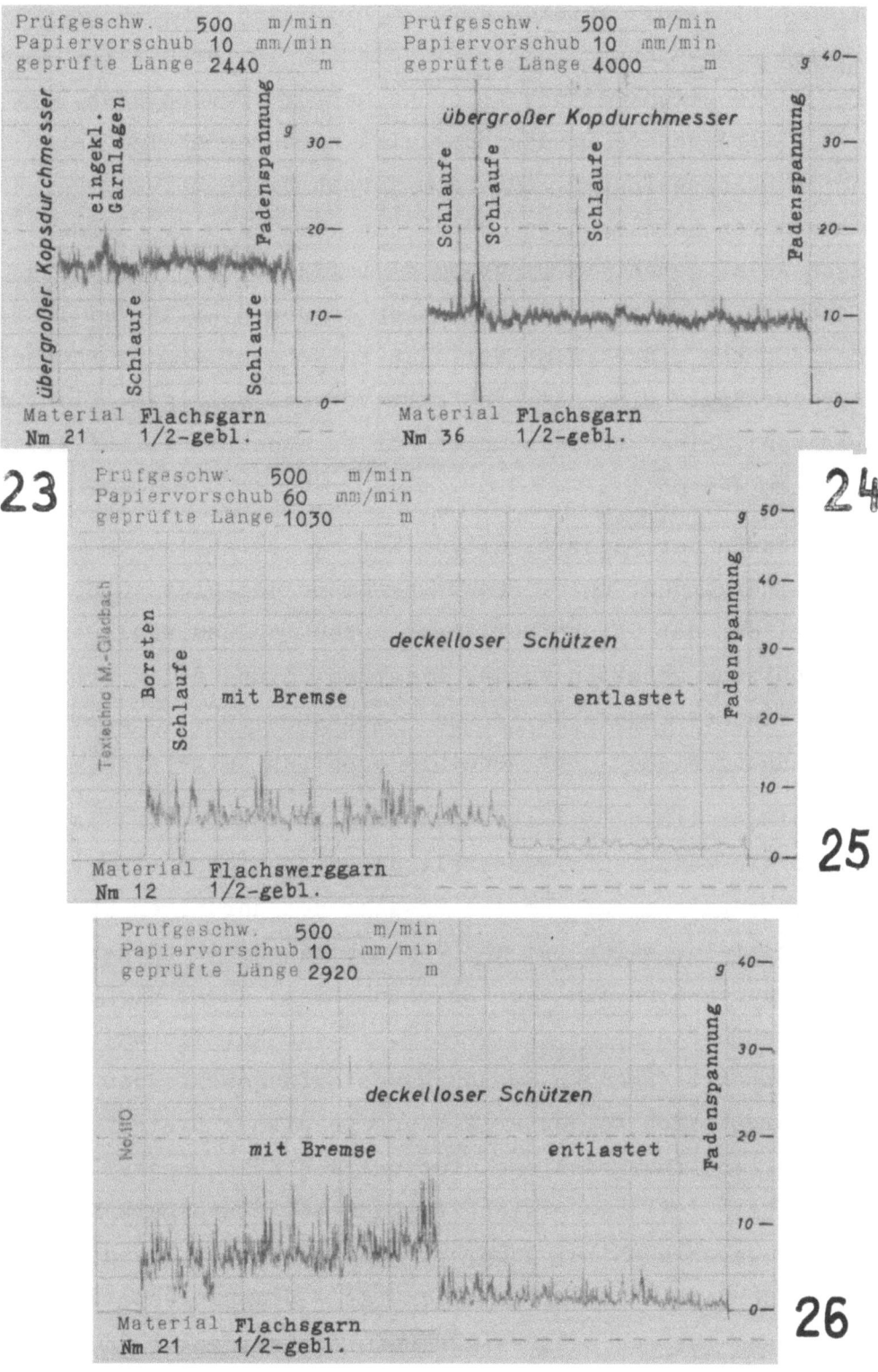

Abbildung 10
Schlauchkops
Schußfadenspannungsmessungen

Deformation eintreten, die sich durch Einfall des inneren trichterförmigen Spulenteils bemerkbar macht. Bei derartig in ihrem Aufbau gestörten Spulen ist die Möglichkeit des Ablösens mehrerer Fadenlagen bevorzugt gegeben. Die vorerwähnte Erscheinung wird noch begünstigt durch die Einfräsungen im Schützeninnern. Außerdem können diese bei starken Kops auch Einklemmungen von Garnlagen bewirken, die ebenfalls zu Störungen und Kanteneinzügen Anlaß geben. Im Diagramm 23 befindet sich z.B. eine Störstelle, die dadurch entstand, daß der Kop durch den Stahldeckel im Bereich des Deckelgelenkes eingeklemmt war. Als Folge trat ein Spannungsanstieg gegen Ende der Spule ein, der erst kurz vor dem völligen Ablauf des Fadens verschwand. Diese Beobachtungen wurden auch bei Ablaufversuchen mit anderen Garnen gemacht.

Schließlich wurde der Fadenablauf vom Kop mit allen in die Versuche einbezogenen Leinengarnen, unter Benutzung eines deckellosen Schützens vorgenommen, bei dem der Garnkörper durch gezackte Gummieinlagen im Innenraum des Schützens gehalten wurde. Diagramm 25 und 26 in Abbildung 10 geben die bei Flachswerggarn Nm 12 und Flachsgarn Nm 21 erhaltenen Bilder der Fadenspannung wieder. Der benutzte Schützen hatte eine Walzenbremse.

Wird zunächst der linke Teil der Diagramme betrachtet, so ist der Spannungsverlauf als wenig zufriedenstellend zu bezeichnen. Es treten erhebliche Spannungsspitzen auf. Um die Ursache des unruhigen Spannungsverlaufes zu ermitteln, wurde bei dem Versuch mit Nm 12 (Diagr. 25) der gezackte Gummi durch eine Einlage (Zeichenkarton) außer Wirkung gebracht. Diese Maßnahme führte nicht zum Erfolg, so daß auf die Walzenbremse als Ursache des unbefriedigenden Spannungsverlaufs geschlossen werden mußte. Tatsächlich ergab sich bei außer Wirkung gesetzter Bremse (Diagr. 25, rechter Teil) eine fast restlose Glättung des Spannungsverlaufs. Nicht ganz so eindeutig fiel der gleiche Versuch bei Flachsgarn Nm 21 (Diagr. 26) aus. Hier waren auch bei außer Wirkung gesetzter Bremse - wie aus dem rechten Teil der Abbildung ersichtlich ist - Spannungsspitzen festzustellen. Demnach ist ein schlüssiger Beweis nicht gelungen, daß die gezackten Gummileisten ohne Schuld an den unbefriedigenden Spannungsdiagrammen sind. In Bezug auf die dunklen Gummileisten muß noch bemerkt werden, daß sie auf den Spulen der feineren Bleichgarne Abdrücke hinterließen.

Forschungsberichte des Wirtschafts- und Verkehrsministeriums Nordrhein-Westfalen

Der benutzte deckellose Schützen hatte zur Sicherung des Spulenrestes Perlonborsten. Nur in einem Fall (Diagr. 25) ist ein auf diese Borsten zurückzuführender Fadenspannungsanstieg beim Ende des Abzugs beobachtet worden. Alle anderen Aufnahmen widerlegten die gehegte Befürchtung einer diesbezüglich ungünstigen Einwirkung (vergl. auch Diagr. 26). Allerdings ist dafür zu sorgen, daß das Fadenende sorgfältig um den Kop gelegt wird. Die Elastizität der angewandten Bürsten ließ zu wünschen übrig.

c) Fadenspannungen bei Automatenspulen

An Automatenspulen in entsprechenden Webschützen wurden Vergleiche zwischen einer üblichen Borstenbremsung und einer neuartigen Perlonschlaufenbremsung (s. Abb. 4) unter Benutzung einheitlicher Spulen auf Hülsen mit Konusansatz (Sp. 6 in Schützen 6a und 6b) vorgenommen. Letzteren wurden in weiteren Ablaufversuchen gleich lange, jedoch stärkere Automatenspulen auf Hülsen ohne Konus, mit glattem Schaftteil in Schützen 7 gegenübergestellt. Die Untersuchungen schlossen Flachswerggarn Nm 12, Flachsgarn Nm 21 und Baumwollgarn Nm 20 ein.

Die Versuche mit Spulen und Schützen gleicher Abmessungen, jedoch mit unterschiedlichen Fadenbremsen erbrachten eindeutig für die althergebrachte Borstenbremsung die besseren Resultate. Die zugehörigen Spannungsdiagramme, von denen wir in Abbildung 11 diejenigen für Flachsgarn Nm 21 (Diagr. 27) und Baumwollgarn Nm 20 (Diagr. 29) zeigen, weisen verhältnismäßig niedrige Spannungswerte auf. Die Fadenbremsung durch Perlonschlaufen läßt demgegenüber eine deutliche Erhöhung der Fadenspannung, große Spitzen und einen wesentlich stärkeren Anstieg der Spannung gegen das Ende des Ablaufs in Erscheinung treten, wie Diagramm 28 und 30 in Abbildung 11 zeigen.

Die Ursachen sind in der ungünstigeren Einwirkung der Schlaufenbremse auf den Fadenballon zu suchen. Wie in Abbildung 4 zu erkennen, stehen die Bremsborsten unterhalb der Spule in Ablaufrichtung des Fadens, so daß der Fadenballon nicht hinter die Borsten schlagen kann, was bei den seitlich neben der Spule angebrachten Perlonschlaufen wahrscheinlich ist. Die Schlaufen müßten in der Art der beschriebenen Borstenbremse unterhalb der Spule und gegebenenfalls auch in verkürzter Ausführung oberhalb, u. w. in Ablaufrichtung des Fadens angebracht sein. Dadurch läßt sich die Wirkung der Schlaufenbremse hinsichtlich der Fadenspannung mit Sicherheit verbessern.

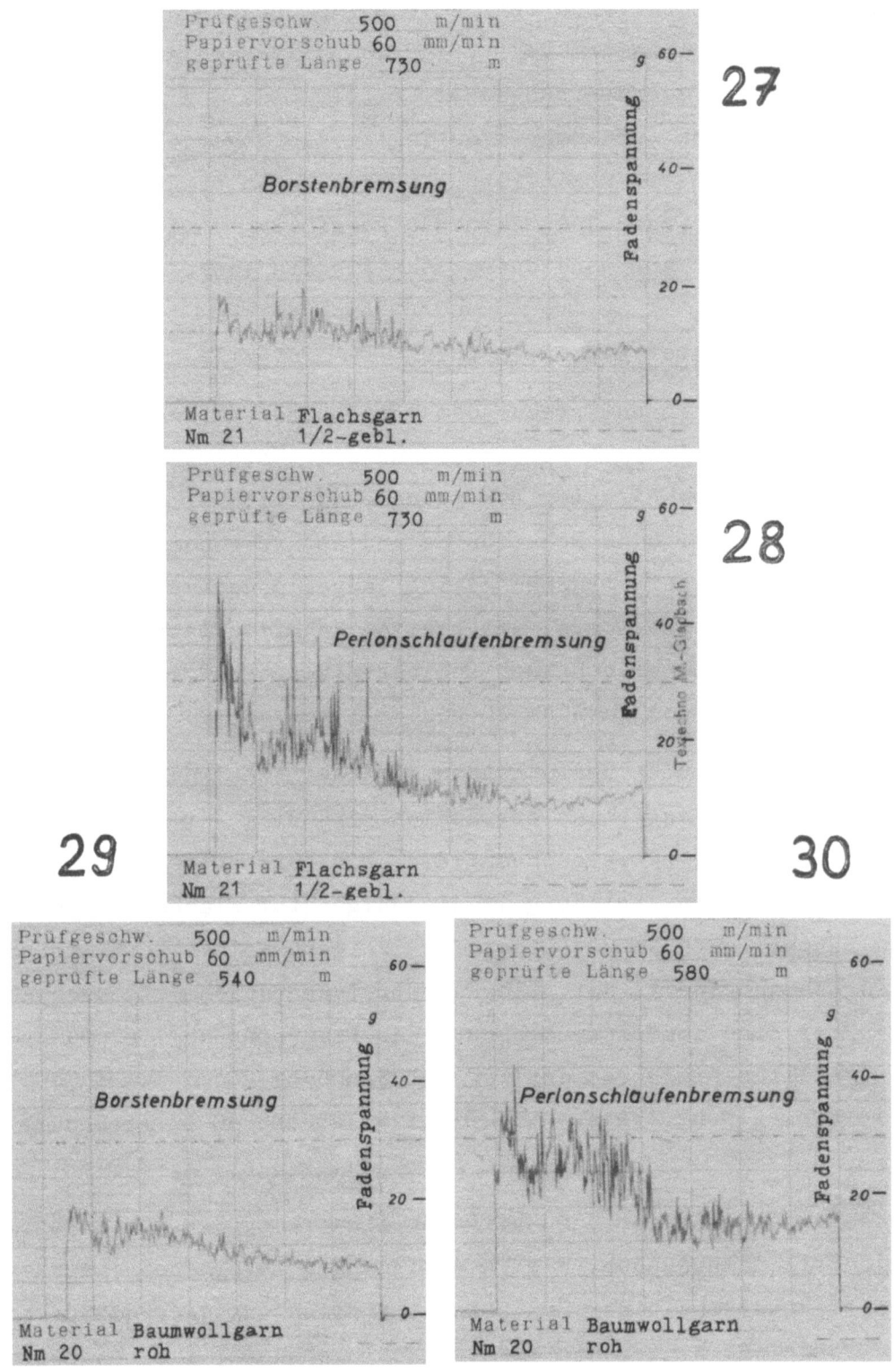

Abbildung 11
Automatenspulen
Schußfadenspannungsmessungen

Zu den Versuchen mit den Hülsen 6 sei noch bemerkt, daß sich eine deutliche Beeinflussung der Fadenspannung beim Übergang auf die Reservewindung nicht feststellen ließ.

Schußfadenspannungsmessungen an Automatenspulen mit gleichmäßig ansteigendem Schaftdurchmesser der Hülse (7) ließen die Spannung etwa nach halb abgelaufener Spule beträchtlich stärker ansteigen, als diese bei gleicher Bremse und den Spulen 6 auf Hülsen mit Konusansatz der Fall war. Der glatte Schaftteil ohne Einkerbungen begünstigte zudem ein Abrutschen der letzten Garnlagen, wie wiederholt besonders bei Leinengarnen beobachtet werden konnte. Es besteht die Gefahr, daß sich die abstürzenden Garnlagen vor dem Einfädler festklemmen und zu Schußfadenbrüchen und Kanteneinzügen führen.

d) Fadenspannungen bei unterschiedlich langen Spulen mit und ohne Konusansatz

Der Ermittlung von Fadenspannungen an verschieden großen Spulen dienten weitere Ablaufversuche, zu denen Flachswerggarn Nm 12, Flachsgarne Nm 21 und Nm 36 sowie Baumwollgarn Nm 20 herangezogen wurden. In Abbildung 12 zeigen Diagramm 31 und 32 für das Flachsgarn Nm 21 den Fadenspannungsverlauf je nachdem, ob von der kleineren Spule 11 oder der größeren Spule 12a abgezogen wurde. Wie aus Abbildung 1 bzw. Tabelle 1 zu ersehen, handelt es sich dabei um Papierhülsen ohne Konus. Die Durchmesser der beiden Spulen waren gleich groß. Die Zunahme der Fadenspannung gegen Ende des Ablaufs ist erwartungsgemäß bei der langen Spule größer und geht vermutlich auf die entsprechend stärkere Umschlingung des Hülsenschaftes durch den abgezogenen Faden sowie die größere Reibung des Ballons an den Schützenwänden zurück. Der Spannungsanstieg wurde wie folgt festgestellt:

	kurze Spule	lange Spule
Flachswerggarn Nm 12	20 - 95 g	20 - 115 g
Flachsgarn Nm 21	10 - 50 g	10 - 65 g
Flachsgarn Nm 36	5 - 30 g	5 - 40 g
Baumwollgarn Nm 20	15 - 40 g	15 - 55 g

Der bei den etwa gleich starken Flachs- und Baumwollgarnen Nm 21 bzw. Nm 20 festgestellte Mehrgarninhalt der größeren Spule betrug rd. 50 % des

Forschungsberichte des Wirtschafts- und Verkehrsministeriums Nordrhein-Westfalen

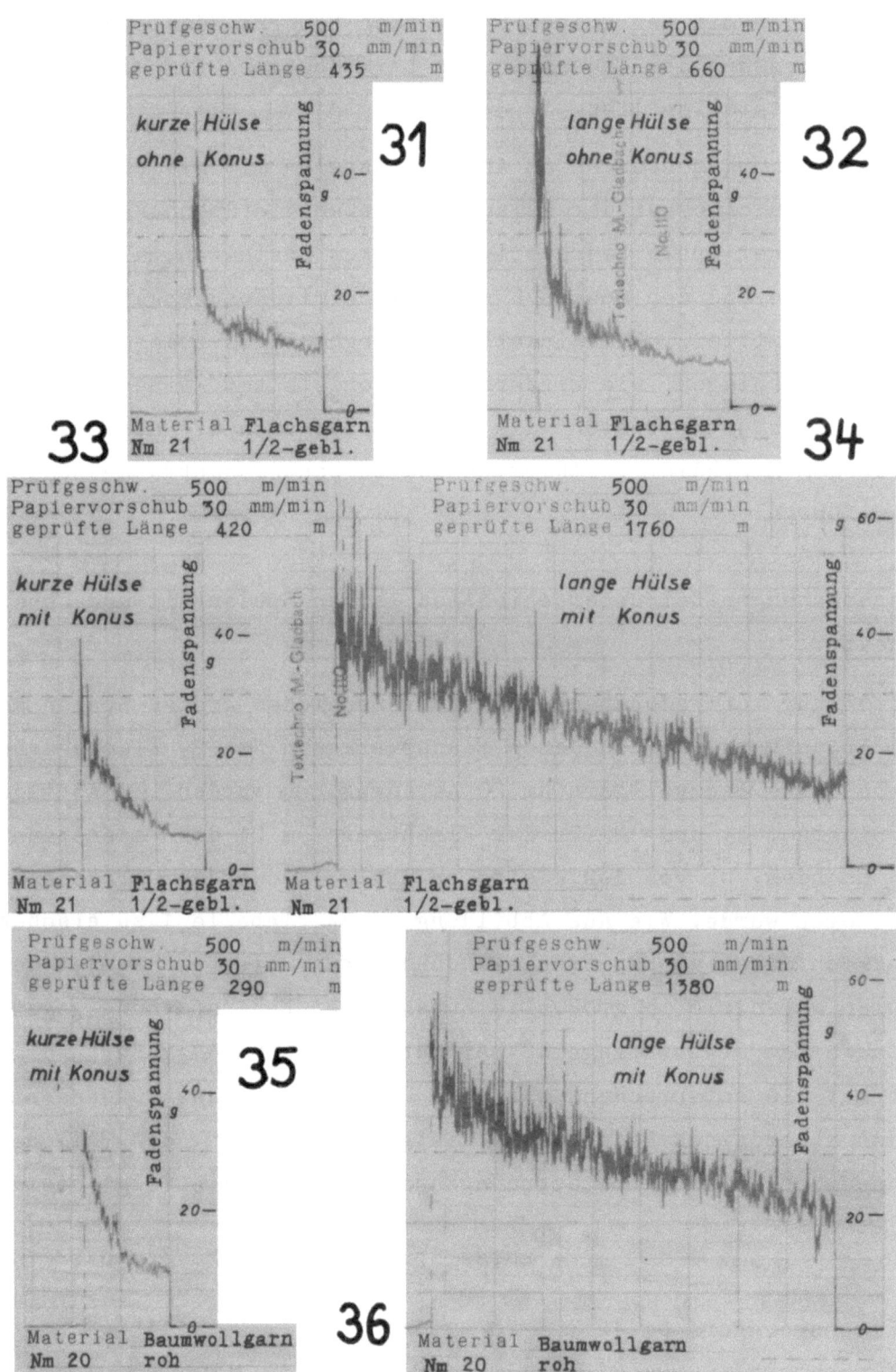

Abbildung 12
Spulen mit und ohne Konus
Schußfadenspannungsmessungen

Garngewichts auf der kleinen Spule. Der Ordnung halber sei bemerkt, daß der Abzug beider Spulen aus Schützen verschiedener Abmessung, jedoch gleicher Fadenbremsart (Plüschbremse), vor sich ging.

Die vorstehend geschilderten und gezeigten Verhältnisse hatten sich bei Papierhülsen mit durchgehender Steigung ergeben. Diagramm 33 - 36 zeigen die Verhältnisse beim Abzug des Fadens von Holzhülsen mit kegeligem Ansatz. Wiederum fanden für die Versuche die oben angeführten Leinengarne Nm 12, Nm 21 und Nm 36 sowie das Baumwollgarn Nm 20 Verwendung. Von den aufgenommenen Diagrammen sind in Abbildung 12 diejenigen für Flachsgarn Nm 21 und Baumwollgarn Nm 20 zu sehen. Dabei zeigen Diagramm 33 und 35 den Abzug von der kurzen Hülse 8, Diagramm 34 und 36 den Abzug von der übergroßen Hülse 10. Die Spulen unterscheiden sich - wie aus Abbildung 1 und Tabelle 1 hervorgeht - sowohl hinsichtlich des Durchmessers (24 und 32 mm) als auch in Bezug auf die Länge (135 und 245 mm). Der Garninhalt der großen Spulen war bei Nm 20 bzw. Nm 21 rd. 4,5-mal so groß als der der kleineren.

Ein unmittelbarer Vergleich der Schaubilder mit denjenigen beim Abzug von Papierhülsen ist nur bei Diagramm 33 und 35 der kleineren Spule möglich, weil nämlich nur in diesem Falle die gleiche Fadenbremse (Plüschbremse) Anwendung fand und die Spulenabmessungen etwa gleich waren. Er ergibt, daß bei Anwendung von Spulen mit Konusansatz die Spannungsspitzen gegen Ende des Abzuges deutlich geringer sind. Im einzelnen wurde der Bereich des Spannungsverlaufs für die kleinere Spule 8 wie folgt festgestellt:

    Flachswerggarn Nm 12   10 - 60 g
    Flachsgarn   Nm 21   5 - 40 g
    Flachsgarn   Nm 36   5 - 25 g
    Baumwollgarn Nm 20   10 - 35 g

Die Gegenüberstellung mit den Zahlen in der auf Seite 45 befindlichen Aufstellung für die kurze Spule ergibt den Vorteil der Spulen auf Hülsen mit Konusansatz hinsichtlich einer Vergleichmäßigung der Fadenspannung, wie er sich auch schon bildlich beim Vergleich der Diagramme 31 und 33 dargestellt hat.

Der Abzug der Garne von den übergroßen Ansatzhülsen 10 wurde aus Schützen mit einregulierbarer Plättchenbremse vorgenommen. Der Bereich der festgestellten Spannungsveränderung vom Anfang bis zum Ende des Kops unter Einbeziehung der maximalen Ausschläge war wie folgt:

Flachswerggarn	Nm 12	15 - 70 g
Flachsgarn	Nm 21	20 - 65 g
Flachsgarn	Nm 36	10 - 35 g
Baumwollgarn	Nm 20	20 - 55 g

Wird zunächst von der Unterschiedlichkeit der Bremsarten abgesehen, die dem direkten Vergleich der oben genannten Zahlen mit denjenigen für die lange Spule in der Zusammenstellung auf Seite 45 und dem der Diagramme 32 und 34 entgegensteht, so kann festgestellt werden, daß trotz der wesentlich längeren Ansatzspule 10 die bei ihrer Verwendung für die verschiedenen Garnnummern auftretenden Fadenspannungsbereiche enger sind als beim Abzug von der kürzeren Spule 12a ohne Konus. Was nun die Plättchenbremse im Vergleich zu der Plüschbremse anbetrifft, so ist zu sagen, daß die Wirkungsweise im Vergleich mit der Plüschbremse hart ist, was die Feststellung über den Vorteil der Konushülse in Bezug auf die Fadenspannung noch unterstreicht. Die vorteilhaftere Ausführung der Hülse mit Ansatzkonus hat die sonst in Bezug auf die Fadenspannung ungünstige Vergrößerung der Spule (Vergleich Spule 10 gegen Spule 12a) mehr als ausgeglichen.

Die übergroßen Spulen mit Ansatzkonus wurden sowohl auf dem Hacoba-Vierspindel-Automat SSA als auch auf dem Schweiter-Spulautomat MS hergestellt. Die Spannungsdiagramme ließen keine Sonderheiten der unterschiedlich hergestellten Spulen erkennen.

Was das Verhalten des Fadens selbst anbetrifft, so ist ein Vergleich mit dem Abzug vom Schlauchkop zweckmäßig. War ein mehr oder weniger häufiges Auftreten von Schlaufen für den Schlauchkop charakteristisch, so treten beim Abzug von Hülsen demgegenüber Ablaufhemmungen auf, die durch Garnunregelmäßigkeiten verursacht werden. In den gezeigten Diagrammen sind derartige Störungen (Spannungsspitzen) erkennbar. Sie können aber noch weit größere Höhen erreichen und schließlich zu Kanteneinzügen und Fadenbrüchen führen.

Bei Abwägung der Vorteile, die sich bei der Verwendung von Hülsen mit Konusansatz ergeben, ist der verringerte Garninhalt dieser Spulen im Verhältnis zu solchen auf Papierhülsen in Betracht zu ziehen, der aber seiner Größenordnung nach keine überragende Rolle spielen dürfte.

Forschungsberichte des Wirtschafts- und Verkehrsministeriums Nordrhein-Westfalen

Ein weiterer Hinweis sei noch auf das Verhalten des Baumwollgarns gegenüber dem gleich starken Flachsgarn gegeben. Die Gegenüberstellung der Fadenspannungswerte zeigt, daß das dehnungsfähigere Baumwollgarn verständlicherweise die geringeren Differenzen zwischen Anfang und Ende des Abzuges hat.

Zum Abschluß dieses Abschnittes sei noch berichtet, daß die Abzüge von durchgehenden Papierhülsen und von Holzhülsen mit Konus auch mit dem sehr feinen Leinengarn Nm 60, gekocht sowie mit zwei feinen Baumwollgarnen Nm 40, roh und Nm 85, gefärbt, durchgeführt wurden, wobei Abweichungen von dem bei den Standardgarnen gefundenen charakteristischen Fadenspannungsverlauf nicht festgestellt werden konnten. Da die erhaltenen Zahlen nicht von allgemeinem Interesse sein dürften, beschränken wir uns auf die Feststellung, daß auch diese Untersuchungen eine volle Bestätigung der bereits aufgezeigten Erscheinungen und Zusammenhänge gebracht haben.

e) Fadenspannungen bei verschieden großen Bewicklungsdurchmessern

Mit Flachsgarn Nm 21 wurden vergleichende Ablaufversuche von Spulen 12a mit 25 mm ⌀ und Spulen 12b mit 28 mm ⌀ durchgeführt, um gegebenenfalls Unterschiede im Verlauf der Spannung zu erfassen. In beiden Fällen fand der Webschützen 12 Verwendung. In Abbildung 13 zeigen Diagramm 37 und 38 die im Laufe des Abzugs aufgetretenen Fadenspannungen. Bei der schwächeren Spule (Diagr. 37) erreichte die Fadenspannung gegen Ende des Abzugs - wie aus dem Schaubild abzulesen - 53 g, während bei der stärkeren Spule (Diagr. 38) die maximale Spannungsspitze zu Ende des Abzugs nur 42 g betrug. Nach diesen Werten dürften im Durchmesser stärkere Spulen in Bezug auf die Spannungsverhältnisse im Schußfaden Verbesserungen mit sich bringen.

f) Fadenspannungen bei verschieden großen Abständen zwischen Hülsenspitze und Fadenbremse

Die Entfernung zwischen Hülsenspitze und Bremsorgan[4] bzw. Fadenführer vor der Bremse ist von Einfluß auf die Schußfadenspannung. Die diesbezüglichen Vergleichsversuche wurden mit dem großen Spindelschützen 10 ausgeführt, auf dessen Spindel 160 mm lange Spulen auf Holzhülsen mit

---

4. bei Automatenschützen: Einfädler

Konusansatz (in Abb. 1 nicht gezeigt) unter Einhaltung wechselnd großer Abstände zwischen Spulenspitze und Plättchenbremse - nämlich 10, 20, 40, 60 und 80 mm - gesteckt wurden.

Für die Messungen fanden Flachswerggarn Nm 12 und Flachsgarn Nm 21 Verwendung. Die bei Ende des Abzugs aufgetretenen maximalen Fadenspannungen zeigt die nachstehende Zusammenstellung:

	10	20	40	60	80	mm
Flachswerggarn Nm 12	48	33	48	70	78	g
Flachsgarn Nm 21	30	26	45	57	60	g

Aus den Zahlen ersieht man, daß es offenbar ein optimales Maß für die Entfernung zwischen Hülse und Fadenbremse gibt, das wahrscheinlich je nach Schützen- und Spulenausführung, Abzugsgeschwindigkeit und Garn nicht konstant sein wird. Für die gewählte Versuchsanordnung und mittlere Garnfeinheit lag diese Entfernung, die der niedrigsten Maximalspannung entsprach, um 20 mm. Bei 40 mm Entfernung lagen die Spannungsmaximalwerte schon wieder höher. Scharfen Anstieg nimmt die maximale Fadenspannung, wenn die Entfernung Hülsenspitze - Fadenbremse darüber hinaus Größenordnungen annimmt, die allerdings praktisch auch nicht in Frage kommen. In Abbildung 13 zeigen Diagramm 39 und 40 für das Flachsgarn Nm 21 den Fadenspannungsverlauf bei 20 und 40 mm Abstand zwischen Hülsenspitze und Bremse.

g) Einfluß der Auskleidung mit Fell auf den Verlauf der Fadenspannung

Ein Auskleiden der Webschützen mit Fell dient dazu, den Fadenspannungsballon zu dämpfen und seinen Austritt über die Ränder der Schützenseitenwände zu verhindern. Zur Untersuchung der Auswirkung einer solchen Maßnahme wurde Flachsgarn Nm 21 auf Hülsen 12b Ablaufspannungsmessungen unterzogen, wobei einmal ein unausgekleideter, das andere Mal ein beidseitig bis zur Hälfte mit Fell ausgekleideter Spindelschützen 12 Anwendung fand.

Die erhaltenen Diagramme haben bezüglich Maximalhöhe und des Verlaufs der Fadenspannung keine wesentlichen Abweichungen aufzuweisen. Wohl ist aber das Fadenspiel bei dem mit Fellauskleidung versehenen Schützen bei etwas erhöhter Anfangsspannung im ganzen gesehen ruhiger. Auf bildliche Wiedergabe der Diagramme kann verzichtet werden.

Forschungsberichte des Wirtschafts- und Verkehrsministeriums Nordrhein-Westfalen

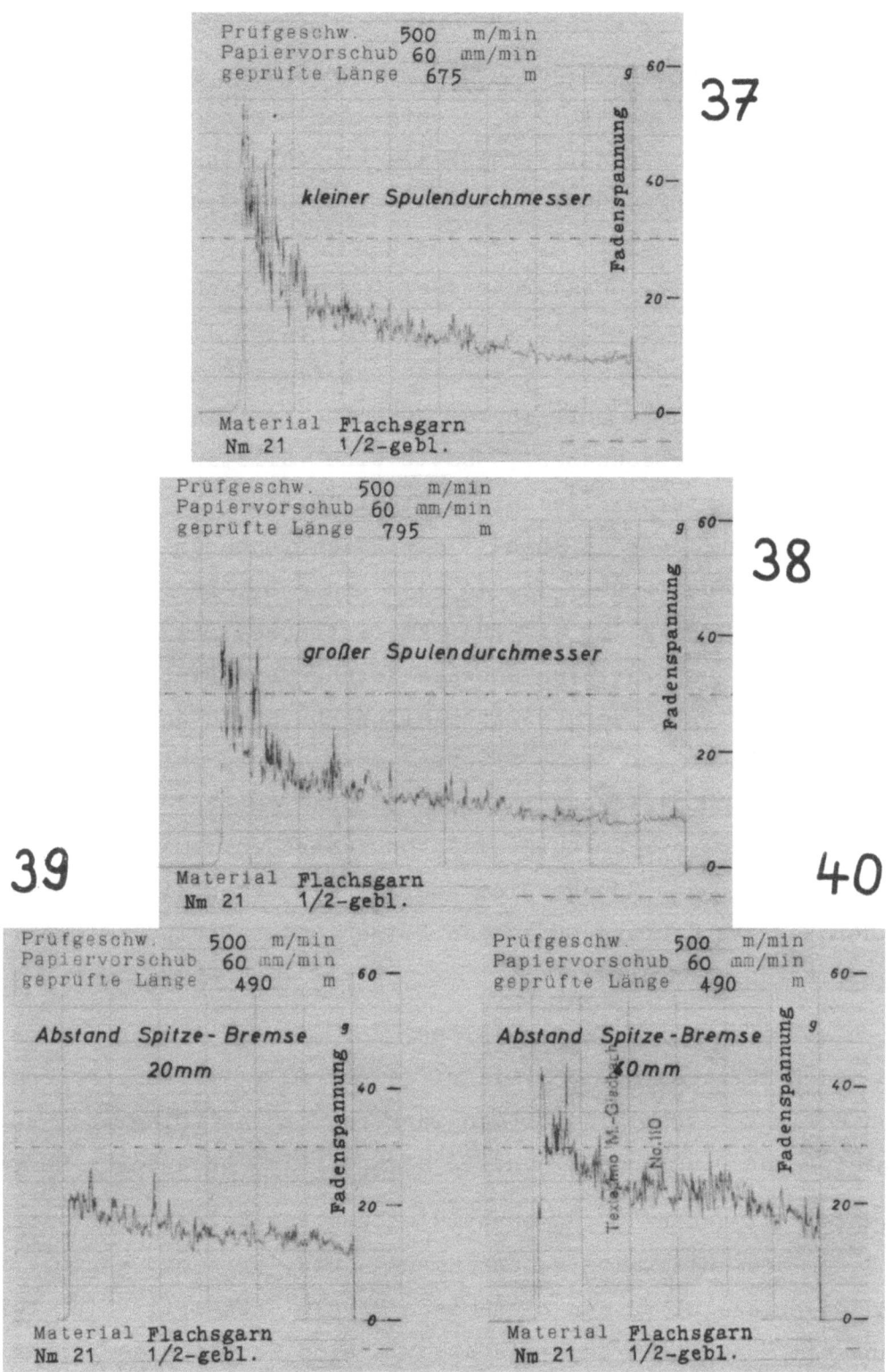

Abbildung 13
Schußfadenspannungsmessungen

h) Fadenspannungen bei Reyongarnen

Für die Ablaufversuche mit Reyongarnen wurden Spulen mit Hülsen gewählt, wie sie in Abbildung 1 unter 13 - 15 dargestellt sind und für diese Garne als vorteilhaft bezeichnet werden. Als Prüfgut stand ein Viskosereyon 300 den (Nm 30) zur Verfügung. Zunächst wurden die Spulen 13 und 14 mit 170 mm Hülsenlänge sowie die Spulen 15a und 15b mit 190 mm Hülsenlänge, alle mit gleichem Bewicklungsdurchmesser (20 mm), einheitlich aus dem Webschützen 15 abgezogen, wobei die kürzeren Spulen 13 und 14 derart auf die Schützenspindel gesteckt wurden, daß bei allen 4 Ablaufversuchen zwischen Hülsenspitze und Fadenbremse die gleiche Entfernung von 30 mm eingehalten wurde. Der Webschützen 15 hatte eine vollständige Fellauskleidung und eine kombinierte Plüsch- und Stahlplättchen-Bremsausführung (Honex-Einfädler). Abbildung 14 enthält die Fadenspannungsdiagramme 41 - 44 für die Abzüge von den Spulen 13, 14, 15a und 15b. Der Verlauf der Fadenspannung hat in allen Fällen ein charakteristisches Bild. Die Spannung nimmt zunächst ab, um erst dann schwach zuzunehmen. Die erstere Erscheinung ist auf die Wirkung der Fellauskleidung zurückzuführen, die beim Ablauf der ersten Lagen der Spule offenbar am stärksten hindernd wirkt. Danach verringert sich die Fadenspannung, um dann unter dem Einfluß der zunehmenden Entfernung der Ablaufstelle von der Fadenbremse in bekannter Weise zuzunehmen. Diese Zunahme ist aber um ein Wesentliches schwächer als bei den weniger dehnungsfähigeren Leinen- oder Baumwollgarnen. Die Spannungsspiele sind minimal.

Unter sich verglichen ist festzustellen, daß die erreichten Maximalspannungen bei den kürzeren Spulen (Diagr. 41 und 42) - wie uns schon bekannt - niedriger liegen als bei den längeren Spulen (Diagr. 43 und 44). Der Vergleich der Diagramme 41 und 42 ergibt keine besonderen Merkmale.

Interessanter ist schon die Gegenüberstellung der beiden letztgenannten Spulen, denen die Hülsen 15a - ohne Konus - und 15b - mit Konus - zugehören. Entgegengesetzt zu den bisherigen Vergleichen tritt hier bei der Ausführung mit Konus beim Ende des Ablaufs eine deutlich ausgeprägte Spitze auf (Diagr. 44). Dieses ist darauf zurückzuführen, daß die Fellauskleidung mit zunehmendem Konusdurchmesser (Ausführung 15b) auf den ablaufenden Faden stärker bremsend wirkt als bei der glatt verlaufenden Hülse 15a (Diagr. 43). Von diesem Standpunkt aus wäre es bei Verwendung

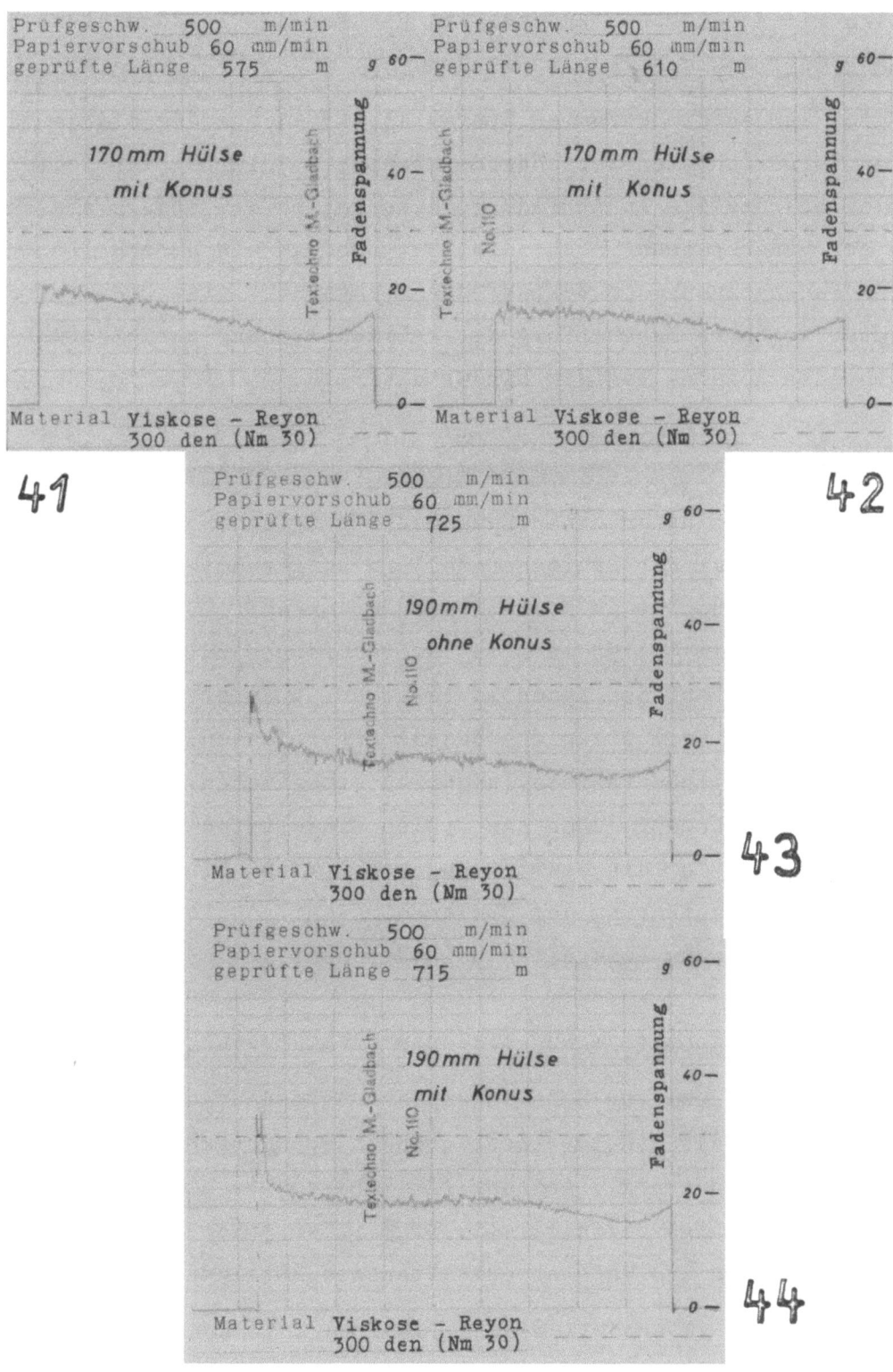

Abbildung 14

Schußfadenspannungsmessungen

von Spulen mit Ansatzkonus zweckmäßig, die Fellauskleidung nicht auf die ganze Länge der Spule wirken zu lassen.

Schließlich wurden die kürzeren Spulen 13 und 14 aus dem eigens für diese Spulen vorgerichteten Webschützen abgezogen. Hierbei war lediglich festzustellen, daß die in Abbildung 14 zu Beginn des Abzugs ersichtliche Abnahme der Fadenspannung nicht eintrat, sondern ein nahezu linearer Anstieg der Fadenspannung im Verlauf des Abzugs erfolgte. Dies war auf die nachweisbar weichere Beschaffung der Fellauskleidung zurückzuführen, die bei Beginn des Abzuges weniger hindernd wirkte.

i) Beziehungen zwischen Spulspannung und Fadenablaufspannung

Die Untersuchungen lassen einen Zusammenhang zwischen der Fadenablaufsspannung und dem bei der Spulenherstellung aufgewandten Fadenzug (Tab. 2) weder bei Leinen- noch beim Baumwollgarn erkennen[5]. Offenbar sind die Fadenspannungen beim Spulen in ihrer Größenordnung zu niedrig, um einen bleibenden Einfluß auf den Faden zu bewirken. Andererseits sind offensichtlich auch die beim Abzug des Fadens auftretenden Spannungen zu gering, um diesbezügliche Feststellungen zu ermöglichen. Sofern also überhaupt eine Beeinflussung durch das Spulen eingetreten ist, lag sie in einem Bereich, der für die Beurteilung von Art und Einstellung der Fadenbremsen oder die Ausführung der Spulen hinsichtlich ihres Einflusses auf die Schußfadenspannung beim Weben uninteressant ist.

4. Kapazitive Schußfadenspannungsmessungen

Wie die bei den induktiven Schußfadenspannungsmessungen erhaltenen Diagramme, sind auch die nun zu beschreibenden Spannungsbilder aus den kapazitiven Messungen (vergl. Abschn. III 5 b) von rechts nach links zu lesen. Daten über Prüfgeschwindigkeit, Bromsilberpapier-Vorschub, geprüfte Materiallänge, Garn und Maßstab enthalten die Abbildungen.

Um einen Vergleich zu ermöglichen, sollen induktiv erhaltene Spannungsdiagramme mit Spannungsbildern, die nach der kapazitiven Meßmethode aufgenommen wurden, verglichen werden. Aus den Ergebnissen der induktiven Meßreihe wurden hierzu die Diagramme 1 (Abb.5) und 32 (Abb.12) ausgewählt,

---

5. Das Reyongarn scheidet bei dieser Betrachtung aus, da es unter einheitlichen Bedingungen gespult war

die für Flachsgarn Nm 21 die Fadenspannungen bei Abzug von einem Schlauchkop aus einem Deckelschützen und bei Abzug von einer langen Spule mit Papierhülse ohne Konusansatz (12a) aus einem Spindelschützen wiedergeben. Während der Abzug vom Schlauchkop in Diagramm 1 ein in der Spannungshöhe von Anfang bis Ende der Spule gleichmäßiges Bild ergab, ließ das Diagramm 32 zum Ende des Ablaufs hin einen starken Anstieg bis zu 65 g erkennen.

Ausschnitte aus den nach dem kapazitiven Meßverfahren gewonnenen Spannungsbildern für die gleichen Verhältnisse sind in Abbildung 15 gezeigt.

Die zur Anwendung gekommene kapazitive Meßmethode auf Hochfrequenzbasis in Verbindung mit der trägheitslosen Aufzeichnung der Fadenspannungen durch Oszillograph und Kamera gestattet das Erkennen aller Feinheiten im Verlauf der Fadenspannung. Dazu ist ein schneller Filmvorschub erforderlich, der es allerdings verbietet, die Spannungsbilder ganzer Abzüge aufzunehmen bzw. übersichtlich wiederzugeben. Es können somit anschaulich nur Messungen über kürzere Fadenlängen gegenübergestellt werden. Die jeweils drei Filmabschnitte in Abbildung 15 geben Messungen zu Anfang, in der Mitte und zum Ende der Abzüge wieder. Jeder Filmabschnitt entspricht einer Garnlänge von 46,5 m.

Die Diagramme 45a - 45c in Abbildung 15 entsprechen dem induktiv aufgenommenen Diagramm 1 in Abbildung 5. Sie geben Ausschnitte des Spannungsverlaufs beim Fadenabzug von einem Schlauchkop aus einem Deckelschützen bei Flachsgarn Nm 21 wieder und vermitteln das uns bereits bekannte Bild einer praktisch gleichbleibenden Fadenspannung von Beginn bis zu Ende des Abzuges. An zwei Stellen, u.zw. in Diagramm 45a und c ergaben sich etwa 2 mm lange Unterbrechungen des Spannungsverlaufes. Sie entstanden beim Auseinanderziehen von Garnschlaufen, die durch die Fadenbremse geschlüpft waren. Bei einem eingestellten Vorschub des Bromsilberpapiers von 1980 mm/min entsprechen diese 2 mm langen Anzeigen Garnschlaufen von 0,5 m Länge.

Die Diagramme 46a - c in Abbildung 15 gehören zu dem Abzug eines Flachsgarns Nm 21 von einer langen Spule ohne Konusansatz aus einem Spindelschützen entsprechend dem induktiven Diagramm 32 in Abbildung 12. Der Anstieg der Fadenspannung mit fortschreitendem Abzug ist auch hier in allen Einzelheiten sichtbar. In Erscheinung tritt eine Periodizität des Spannungsspiels, die besonders bei den Bildern aus der Mitte und zum Ende des Abzugs (Diagr. 46b u. 46c) sichtbar wird. Zweifellos entstehen diese

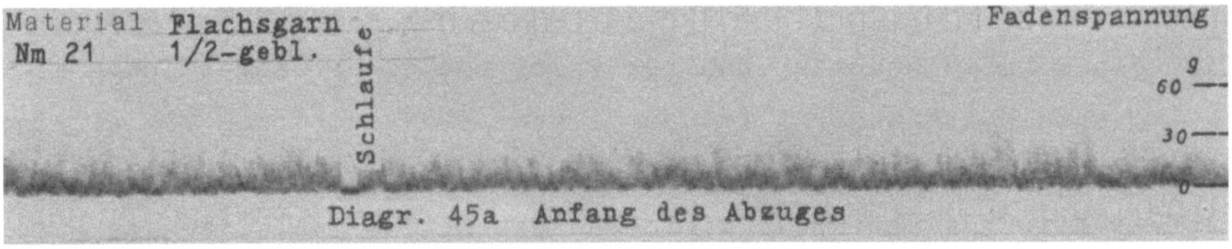

Diagr. 45a Anfang des Abzuges

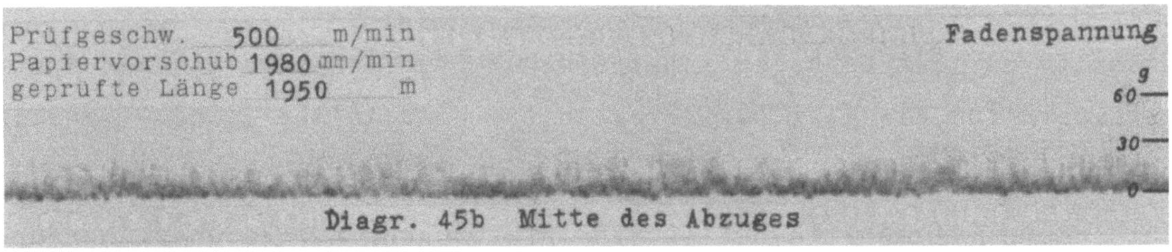

Diagr. 45b Mitte des Abzuges

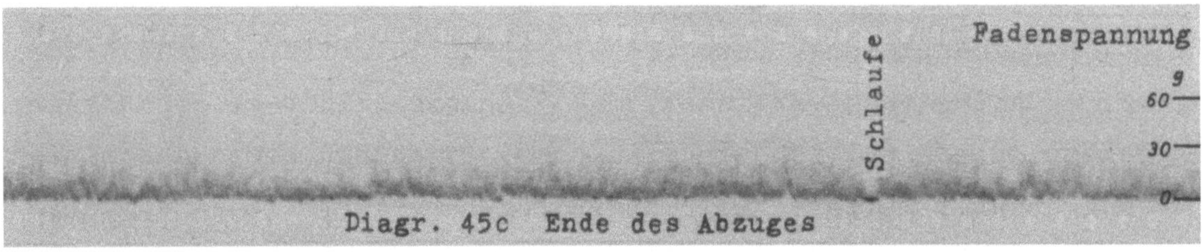

Diagr. 45c Ende des Abzuges

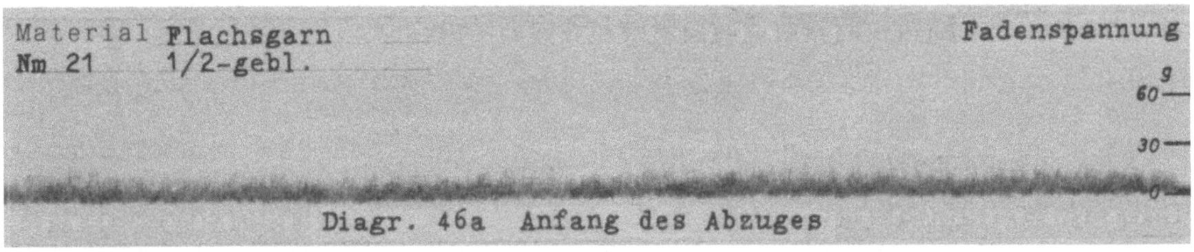

Diagr. 46a Anfang des Abzuges

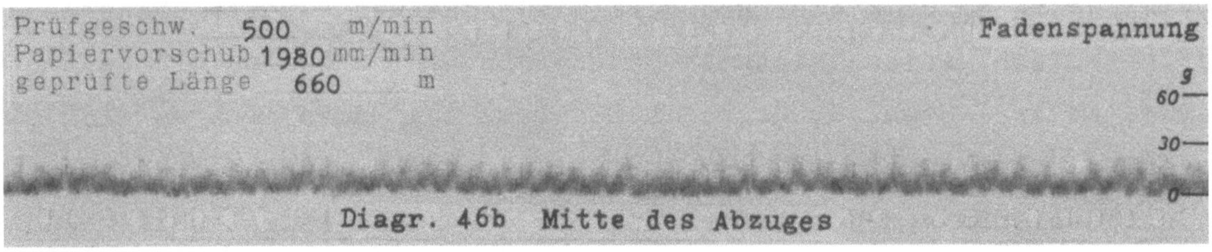

Diagr. 46b Mitte des Abzuges

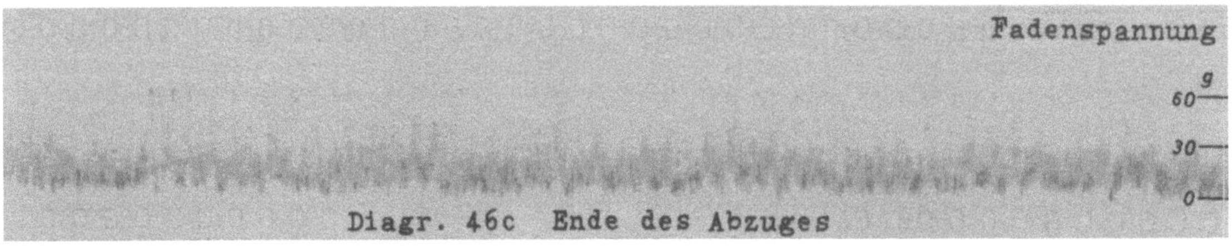

Diagr. 46c Ende des Abzuges

A b b i l d u n g 15

Schußfadenspannungsmessungen

Schwankungen aus dem Wechsel des Bewicklungsdurchmessers der Spule. Die Periodenlänge in Diagramm 46 beträgt 4 mm und entspricht mit rd. 1 m Faden etwa der Bewicklungslänge je Fadenführerdoppelhub.

Die kapazitive Meßmethode ergibt offensichtlich Möglichkeiten, den Verlauf der Fadenspannung in allen Einzelheiten zu studieren. Ihre Durchführung ist aber - wie bereits erwähnt wurde - verglichen mit der induktiven Messung zeitraubend und aufwendig. Sie ist auch im Hinblick auf die Empfindlichkeit der Apparaturen eher für wissenschaftliche Laboratoriums-Untersuchungen geeignet als für praxisnahe Messungen.

5. Intermittierender Abzug des Schußfadens und Änderung der Abzugsrichtung

Versuchsweise wurde an Flachsgarn Nm 21 unter Benutzung der Spule 10 und des dazugehörigen Spindelschützens der beim Weben auftretende intermittierende Abzug des Schußfadens nachgeahmt und hierbei nach dem kapazitiven Verfahren Fadenspannungsdiagramme aufgenommen[6]. Der intermittierende Abzug wurde dadurch erreicht, daß die Anpreßwalze der Abzugsvorrichtung in bestimmten Intervallen abgehoben und wieder aufgesetzt wurde. Die Diagramme wurden solchen gegenübergestellt, die unter gleichen Verhältnissen unter Anwendung einer kontinuierlichen Abzugsweise erhalten worden waren. Abbildung 16 enthält eine solche Gegenüberstellung der Diagramme 47a und 47b etwa bei zur Hälfte abgelaufener Spule. Der Vergleich der Bilder ergibt, daß bei beiden Abzugsverfahren gleich hohe Spannungsspitzen auftreten und beim Einsetzen der Fadenbewegung im intermittierenden Diagramm eine besondere Spannungserhöhung nicht auftritt. Weitere Gegenüberstellungen bestätigen dies Ergebnis. Damit ist der Beweis für die in Abschnitt III 5 d) aufgestellte Behauptung erbracht, daß die bei kontinuierlichem Abzug erhaltenen Diagramme mit völlig ausreichender Genauigkeit die im Webstuhl auftretenden Schußfadenspannungen wiedergeben. Zudem zeigt auch eine leicht durchzuführende Nachrechnung, daß die geringe Masse des Fadens bei den intermittierend auftretenden Beschleunigungen Kräfte von völlig untergeordneter Bedeutung aufkommen läßt.

---

6. Das von uns vorzugsweise angewandte induktive Meßverfahren eignete sich hierfür weniger. Die Trägheit des Meßstabes und des Schreibgeräts wirkten sich hindernd aus

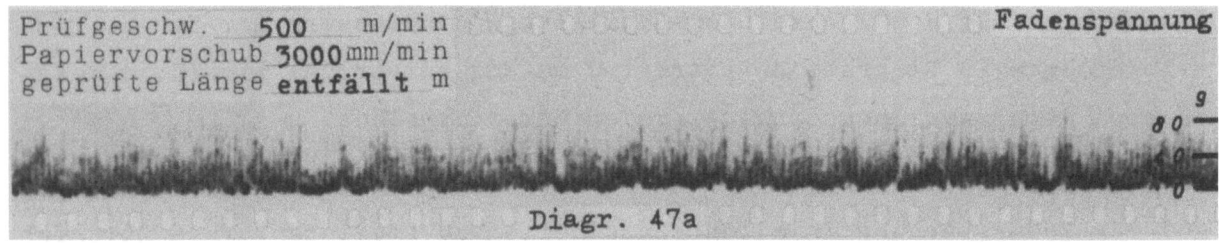
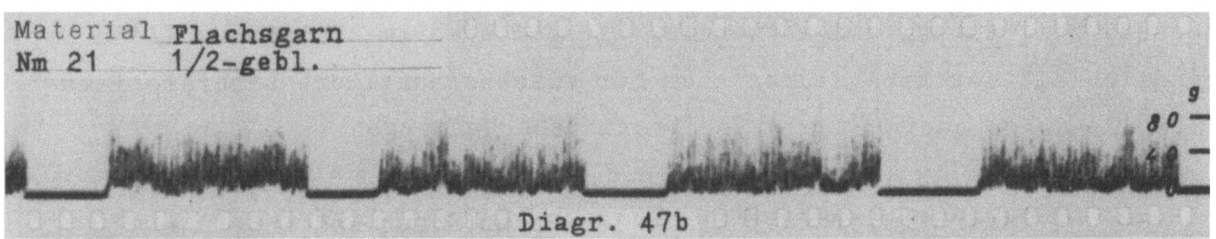

Abbildung 16
Schußfadenspannungsmessungen

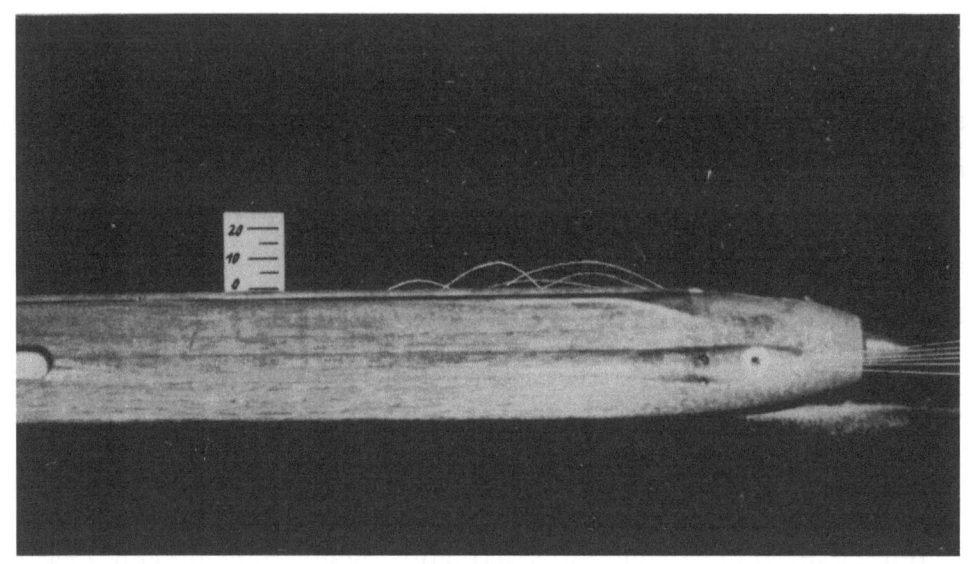

Abbildung 17
Schußfadenballon

Im Zusammenhang mit der Übertragungsmöglichkeit der beim kontinuierlichen Abzug erhaltenen Spannungsbilder auf die Praxis wurde auch untersucht, ob die Änderung der Ablaufrichtung des Fadens aus dem Schützen einen Einfluß auf die Fadenspannung ausübt. Die Möglichkeit des Versuchs war bei der zur Verfügung stehenden Versuchseinrichtung ohne weiteres gegeben. Es konnte festgestellt werden, daß die Ablaufrichtung des Fadens keinerlei Rolle auf die eintretenden Fadenspannungen mit sich bringt, so daß auch in dieser Hinsicht die Anwendung der einfachen kontinuierlichen Meßmethode gerechtfertigt erscheint.

6. Erfassung des Fadenballons bei Austritt aus dem Webschützen

Nach der im Abschnitt III 5 e) beschriebenen fotografischen Methode wurden an dem unausgekleideten Spindelschützen 10 bei Abzug des Schußfadens mit einer Geschwindigkeit von 500 m/min Serienaufnahmen angefertigt, von denen eine in Abbildung 17 wiedergegeben ist.

Für diese Prüfung wurde ein grobes Flachswerggarn (Nm 7,2) auf Hülse 10 mit Konusansatz eingesetzt, das beim Abzug eine besonders starke Ballonbildung aufkommen läßt. An einer hinter dem Webschützen angebrachten Skala mit Millimetereinteilung konnte mit ca. 10 mm der stärkste Ballonaustritt gemessen werden. Die Ballonbildung nimmt bei Beginn des Abzuges zunächst zu und bleibt von etwa 1/4 abgelaufener Spulenlänge an bis fast zum Schluß etwa gleich stark. Diese Feststellung macht die Zweckmäßigkeit einer geeigneten Auskleidung des Schützeninnenraumes zwecks Dämpfung der Ballonbildung sinnfällig. Der Ballonaustritt erfolgt vorwiegend im Bereich der dem Fadenauge zugewandten Webschützenhälfte, woraus hervorgeht, daß insbesondere dieser Teil des Webschützens der Auskleidung bedarf. Der in Abbildung 17 rechts ersichtliche graue Schimmer wurde von dem sich beim Abzug bildenden Faserflug verursacht.

Untersuchungen der Ballonbildung beim Abzug von Schußspulen ohne Webschützen, wobei die Spulenspitze in einer Entfernung von 30 mm von einem Fadenführer gehalten wurde, ließen bei 500 m/min Fadengeschwindigkeit folgende markante Unterschiede bei den verschiedenen Spulenarten erkennen:

Beim Schlauchkop tritt bei Abzug von innen eine ausgesprochene Ballonbildung nicht auf. Die Innenwandung des Kops und die ihm eigene steile Fadenverkreuzung wirken dem Fadenballon entgegen und unterdrücken ihn fast vollständig.

Wird ein Schlauchkop hingegen von außen abgezogen, wie dies bei Schußspulen mit kurzem Holzkonus (Pirn) der Fall ist, so tritt ein ausgeprägter Ballon auf, der jedoch nicht übermäßig groß ist und durch die schnell wechselnden Ablaufdurchmesser gestört wird. Der Faden wird bis zum völligen Ablauf der Spule nach außen geschleudert, so daß die Schützenspindel den Fadenablauf nicht behindert, wie dies die gezeigten Spannungsdiagramme erbrachten.

Völlig anders ergeben sich die Ballonverhältnisse beim Abzug von Spulen mit Holz- und Papierhülsen mit und ohne Konusansatz. Zu Anfang des Abzuges tritt der Fadenballon nur unwesentlich störend in Erscheinung, da seine Ausmaße gering sind. Bei etwa halbabgelaufener Spule erfolgt eine intensive Ballonbildung, die sich - wie den angeführten Diagrammen zu entnehmen ist - maßgebend auf die Spannungshöhe auswirkt, die allerdings auch durch die Fadenreibung an der Hülse beeinflußt wird.

7. Anwendung großer Kops- und Spulenformate (Großraumschützen)

Die Vergrößerung der Schußgarnkörper ist ein Weg zur Erhöhung des Nutzeffektes in der Weberei, insbesondere dort, wo die Verhältnisse eine Automatisierung nicht zulassen. Diesen anerkannten Vorteilen der großen Garnkörper im Webschützen[7] stehen aber gewisse Nachteile gegenüber, die an dieser Stelle kurz behandelt werden sollen.

Bei der Vergrößerung der Kops- bzw. Spulenformate muß die Veränderung der Verhältnisse in Bezug auf die auftretenden maximalen Schußfadenspannungen, die Kettfadenbeanspruchung bei der gegebenenfalls erforderlichen größeren Fachhöhe und hinsichtlich der Gewichte des Schützens mit vollem und abgelaufenen Garnkörper betrachtet werden.

Wie die Schußfadenspannungsuntersuchungen ergeben haben, tritt beim Schlauchkop eine eindeutige Verschlechterung der Spannungsverhältnisse mit zunehmender Kopsgröße nicht auf. In dieser Hinsicht sind also Befürchtungen nicht am Platze. Demgegenüber zeigt es sich, daß bei Schußspulen unter Verwendung längerer Hülsen mit ganz erheblichen Anstiegen der Spannungen während des Ablaufs zu rechnen ist. Hier sind also Grenzen vorhanden, die nicht überschritten werden können.

---

7. Die Laufzeit eines Kops bzw. einer Spule hängt ab von Garngewicht, Garnnummer, Blatteinstellbreite und Webstuhlgeschwindigkeit. Sie errechnet sich nach der Formel $L = \frac{G \cdot Nm}{B \cdot n}$ in min

Forschungsberichte des Wirtschafts- und Verkehrsministeriums Nordrhein-Westfalen

Da zumindest bei Verwendung von Hülsen die Spulenlänge begrenzt ist, muß die größere Garnmenge durch Steigerung des Spulendurchmessers erreicht werden, wodurch auch eine Zunahme der Schützendimensionen eintritt, die notwendigerweise eine Vergrößerung des Faches und damit eine Erhöhung der Kettfadenbruchhäufigkeit infolge der höheren Belastung der Kette auf Dehnung und Scheuerung mit sich bringt. Eine Anpassung des Webschützens an die Form des Webfaches durch Abkanten der Schützenvorderwand ist ein Mittel, das nur in einem gewissen Ausmaß ausgleichend wirken kann.

Es wird deshalb angestrebt, bei größer werdendem Gewicht der Spule die Dimensionen des Webschützens nicht in gleichem Maß wachsen zu lassen. Dies führt zu einer sich gegebenenfalls auf Schützenschlag und Schützenbremsung stark auswirkenden Veränderung der dynamischen Verhältnisse mit fortschreitend abnehmendem Garninhalt im Verlauf des Webens und kann in extremen Fällen zu Beeinträchtigungen und zu der Notwendigkeit führen, mit der Tourenzahl herunterzugehen. Je größer bei voller Spule das Garngewicht im Verhältnis zum Schützennettogewicht ist, desto stärker verändert sich im Verlauf des Abzugs die lebendige Kraft des bewegten Schützens entsprechend der abnehmenden Masse.

Wie unterschiedlich diesbezüglich die Verhältnisse liegen, sei an Hand der Tabelle 3 durch den Vergleich der extremen Gewichtsverhältnisse beim deckellosen Schlauchkopschützen 3b und dem Spindelschützen 8 gezeigt. Das Verhältnis zwischen Garngewicht und Schützengewicht ohne Kop bzw. Schützengewicht mit leerer Hülse beträgt im ersteren Fall 0,22, im zweiten Fall 0,05. Hinsichtlich der dynamischen Verhältnisse wird der Spindelschützen dem Schlauchkopschützen sehr überlegen sein; demgegenüber ist aber seine Laufzeit bei gleichem Garn 5 mal kleiner.

Auch bei automatisierten Stühlen bleibt in einem gewissen Ausmaß der Vorteil großer Garnkörper bestehen. Am unempfindlichsten gegenüber der Vergrößerung des Formats in Bezug auf die Schußfadenspannung haben sich die Schlauchkops erwiesen, so daß die Frage einer Automatisierung durch Schlauchkopsautomaten von großem Interesse ist. Solche Automaten sind bekanntlich in der Juteindustrie schon seit längerer Zeit eingeführt. Die deckellosen Schützen sind an den Rändern mit Borsten oder geeigneten Kunststoffeinlagen zum Halten der Schlauchkops versehen. Die Schlauchkops werden bis zum letzten Rest verwebt. Der Schußregulator wird während des Wechselvorganges kurzfristig außer Betrieb gesetzt, um lose Schußstellen zu vermeiden

Dieses Verfahren dürfte bei anspruchsvolleren Geweben nicht anwendbar sein. Hier müssen Schußfehler mit Sicherheit vermieden werden, so daß der Kop nicht restlos abgezogen werden darf. Restkopsentferner mit mechanischer oder auch pneumatischer Wirkungsweise befinden sich in Entwicklung, u.zw. auch für Garnfeinheiten, wie sie für die Leinenweberei in Frage kommen.

Automaten für große Schlauchkops würden den Vorteil nur geringer Wechselhäufigkeit und damit Schonung der Einrichtung mit sich bringen und es erlauben, auf die Anschaffung teurer Automatenhülsen zu verzichten.

8. Schußfadenspannungsmessungen im Betrieb

Die in diesem Bericht zusammengestellten Untersuchungsergebnisse zeigen, wie vorteilhaft für jeden Betrieb die Möglichkeit wäre, derartige Messungen auf einfache Weise selbst durchzuführen, um auf diesem Wege nicht nur den Einfluß verschiedener Kops- und Spulengrößen, sondern auch Fehler an der Ausstattung des Schützen, an Bremsen, Einfädlern u.drgl. festzustellen. Webereien, denen ein spezielles Schußfadenspannungsmeßgerät nicht zur Verfügung steht, wird vorgeschlagen, zu betrieblichen Fadenspannungsmessungen den zu prüfenden Webschützen in einer Einspannvorrichtung zu befestigen und den Schußfaden von einer Abzugsvorrichtung beliebiger Art unter Zwischenschaltung einer heute wohl in jedem Betrieb vorhandenen Fadenmeßuhr abzuziehen. Die Abzugsgeschwindigkeit sollte der mittleren Schußfadengeschwindigkeit in der Praxis angepaßt werden. Mit einer solchen einfach herzurichtenden Kontrolleinrichtung wird es dem Meister nicht schwer fallen, seine Schützen zu kontrollieren. Keineswegs reicht es aus, daß die Fadenspannung beim Abzug des Fadens mit der Hand nach Gefühl beurteilt wird, wie dieses heute noch in den meisten Betrieben üblich ist.

Gegenüber diesen betrieblichen Möglichkeiten gestatten die von uns bei den durchgeführten Untersuchungen angewandten Verfahren eine Erfassung des Spannungsverlaufs in Diagrammen.

9. Auswirkung der Schußfadenspannungen in der Praxis

Die durchgeführten Versuche ermöglichen eine gute Übersicht über die sich bei Anwendung verschiedener Spulen und Schützen einstellenden Schußfadenspannungen. Es lag nicht im Rahmen der zunächst gestellten Aufgabe, auch das Gewebe zu untersuchen. Zweifellos sind Höhe und Verlauf der Schußfadenspannung von Einfluß auf den Ausfall und die Breite der Gewebe - Kanteneinzüge, bogige Kanten - sowie auf die Krumpfung des Gewebes bei anschließender Naßbehandlung. Zur Kenntnis der Größenordnung dieser Abhängigkeiten sind Versuchsreihen im Betriebe wünschenswert.

V. Zusammenfassung

Über Höhe und Verlauf der Schußfadenspannung wurden Untersuchungen bei Einsatz verschiedener Schußspulenarten und Spulenabmessungen durchgeführt, wobei auch der Einfluß verschiedener Schützenausführungen und Fadenbremsen erfaßt wurde. In die Untersuchungen wurden Schlauchkops, kopsartige Schußspulen mit kurzer konischer Hülse, Spulen auf durchgehenden Hülsen mit und ohne Ansatzkonus sowie Automatenspulen einbezogen. Die Versuche wurden mit Flachs- und Flachswerggarnen, Baumwollgarn und Viskose-Reyon durchgeführt.

Die aufgenommenen Diagramme zeigen, daß bei Schlauchkops und schlauchkopsähnlichen Spulen die Höhe der Fadenspannung vom Anfang bis zum Ende des Abzuges gleich bleibt. Bei Schlauchkops treten nachteilig Schlaufen in Erscheinung.

Bei Spulen mit durchgehender Hülse ergeben sich zum Ende des Abzuges hin typische Spannungsanstiege, insbesondere bei Verwendung von Hülsen ohne Konusansatz. Garnunregelmäßigkeiten können unzulässig hohe Spannungsspitzen verursachen.

Die Länge der Garnkörper erweist sich bei Schlauchkops ohne Einfluß auf die Fadenspannung, während bei langen Spulen mit Hülsen eine beträchtliche Erhöhung der Spannung eintritt.

Die im Bericht zusammengestellten Diagramme lassen Vorteile und Fehler verschiedener Arten von Schützenauskleidungen und Fadenbremsen erkennen.

Auf stroboskopischem Wege wurde der Austritt des Fadenballons sichtbar gemacht und sein Ausmaß bestimmt, so daß Hinweise für die Verhinderung dieser unliebsamen Erscheinung gegeben werden konnten.

Die Vorteile des Schlauchkops in Bezug auf großen Garninhalt und vorteilhaften Verlauf der Fadenspannung geben Veranlassung, nach Möglichkeiten zu suchen, diese Spulenart auch nach erfolgter Automatisierung der Webstühle beizubehalten. Ihren Vorzügen steht allerdings ein nicht zu

FORSCHUNGSBERICHTE
DES WIRTSCHAFTS- UND VERKEHRSMINISTERIUMS
NORDRHEIN-WESTFALEN

Herausgegeben von Staatssekretär Prof. Dr. h. c. Leo Brandt

HEFT 1
Prof. Dr.-Ing. E. Flegler, Aachen
Untersuchungen oxydischer Ferromagnet-Werkstoffe
1952, 20 Seiten, DM 6,75

HEFT 2
Prof. Dr. W. Fuchs, Aachen
Untersuchungen über absatzfreie Teeröle
1952, 32 Seiten, 5 Abb., 6 Tabellen, DM 10,—

HEFT 3
Techn.-Wissenschaftl. Büro für die Bastfaserindustrie, Bielefeld
Untersuchungsarbeiten zur Verbesserung des Leinenwebstuhls
1952, 44 Seiten, 7 Abb., 3 Tabellen. DM 12,50

HEFT 4
Prof. Dr. E. A. Müller und Dipl.-Ing. H. Spitzer, Dortmund
Untersuchungen über die Hitzebelastung in Hüttenbetrieben
1952, 28 Seiten, 5 Abb., 1 Tabelle, DM 9,—

HEFT 5
Dipl.-Ing. W. Fister, Aachen
Prüfstand der Turbinenuntersuchungen
1952, 40 Seiten, 30 Abb., 3 Schaltbilder, DM 1,—

HEFT 6
Prof. Dr. W. Fuchs, Aachen
Untersuchungen über die Zusammensetzung und Verwendbarkeit von Schwelteerfraktionen
1952, 36 Seiten, DM 10,50

HEFT 7
Prof. Dr. W. Fuchs, Aachen
Untersuchungen über emsländisches Petrolatum
1952, 36 Seiten, 1 Abb., 17 Tabellen, DM 10,50

HEFT 8
M. E. Meffert und H. Stratmann, Essen
Algen-Großkulturen im Sommer 1951
1953, 52 Seiten, 4 Abb., 20 Tabellen, DM 9,75

HEFT 9
Techn.-Wissenschaftl. Büro für die Bastfaserindustrie, Bielefeld
Untersuchungen über die zweckmäßige Wicklungsart von Leinengarnkreuzspulen unter Berücksichtigung der Anwendung hoher Geschwindigkeiten des Garnes
Vorversuche für Zetteln und Schären von Leinengarnen auf Hochleistungsmaschinen
1952, 48 Seiten, 7 Abb., 7 Tabellen, DM 9,25

HEFT 10
Prof. Dr. W. Vogel, Köln
„Das Streifenpaar" als neues System zur mechanischen Vergrößerung kleiner Verschiebungen und seine technischen Anwendungsmöglichkeiten
1953, 20 Seiten, 6 Abb., DM 4,50

HEFT 11
Laboratorium für Werkzeugmaschinen und Betriebslehre, Technische Hochschule Aachen
1. Untersuchungen über Metallbearbeitung im Fräsvorgang mit Hartmetallwerkzeugen und negativem Spanwinkel
2. Weiterentwicklung des Schleifverfahrens für die Herstellung von Präzisionswerkstücken unter Vermeidung hoher Temperaturen
3. Untersuchung von Oberflächenveredlungsverfahren zur Steigerung der Belastbarkeit hochbeanspruchter Bauteile
1953, 80 Seiten, 61 Abb., DM 15,75

HEFT 12
Elektrowärme-Institut, Langenberg (Rhld.)
Induktive Erwärmung mit Netzfrequenz
1952, 22 Seiten, 6 Abb., DM 5,20

HEFT 13
Techn.-Wissenschaftl. Büro für die Bastfaserindustrie, Bielefeld
Das Naßspinnen von Bastfasergarnen mit chemischen Zusätzen zum Spinnbad
1953, 52 Seiten, 4 Abb., 19 Tabellen, DM 10,—

HEFT 14
Forschungsstelle für Acetylen, Dortmund
Untersuchungen über Aceton als Lösungsmittel für Acetylen
1952, 64 Seiten, 10 Abb., 26 Tabellen, DM 12,25

HEFT 15
Wäschereiforschung Krefeld
Trocknen von Wäschestoffen
1953, 48 Seiten, 14 Abb., 2 Tabellen, DM 9,—

HEFT 16
Max-Planck-Institut für Kohlenforschung, Mülheim a. d. Ruhr
Arbeiten des MPI für Kohlenforschung
1953, 104 Seiten, 9 Abb., DM 17,80

HEFT 17
Ingenieurbüro Herbert Stein, M.-Gladbach
Untersuchung der Verzugsvorgänge in den Streckwerken verschiedener Spinnereimaschinen. 1. Bericht: Vergleichende Prüfung mit verschiedenen Dickenmeßgeräten
1952, 36 Seiten, 15 Abb., DM 8,—

HEFT 18
Wäschereiforschung Krefeld
Grundlagen zur Erfassung der chemischen Schädigung beim Waschen
1953, 68 Seiten, 15 Abb., 15 Tabellen, DM 12,75

HEFT 19
Techn.-Wissenschaftl. Büro für die Bastfaserindustrie, Bielefeld
Die Auswirkung des Schlichtens von Leinengarnketten auf den Verarbeitungswirkungsgrad, sowie die Festigkeit und Dehnungsverhältnisse der Garne und Gewebe
1953, 48 Seiten, 1 Abb., 9 Tabellen, DM 9,—

HEFT 20
Techn.-Wissenschaftl. Büro für die Bastfaserindustrie, Bielefeld
Trocknung von Leinengarnen I
Vorgang und Einwirkung auf die Garnqualität
1953, 62 Seiten, 18 Abb., 5 Tabellen, DM 12,—

HEFT 21
Techn.-Wissenschaftl. Büro für die Bastfaserindustrie, Bielefeld
Trocknung von Leinengarnen II
Spulenanordnung und Luftführung beim Trocknen von Kreuzspulen
1953, 66 Seiten, 22 Abb., 9 Tabellen, DM 13,—

HEFT 22
Techn.-Wissenschaftl. Büro für die Bastfaserindustrie, Bielefeld
Die Reparaturanfälligkeit von Webstühlen
1953, 28 Seiten, 7 Abb., 5 Tabellen, DM 5,80

HEFT 23
Institut für Starkstromtechnik, Aachen
Rechnerische und experimentelle Untersuchungen zur Kenntnis der Metadyne als Umformer von konstanter Spannung auf konstanten Strom
1953, 52 Seiten, 20 Abb., 4 Tafeln, DM 9,75

HEFT 24
Institut für Starkstromtechnik, Aachen
Vergleich verschiedener Generator-Metadyne-Schaltungen in bezug auf statisches Verhalten
1952, 44 Seiten, 23 Abb., DM 8,50

HEFT 25
Gesellschaft für Kohlentechnik mbH., Dortmund-Eving
Struktur der Steinkohlen und Steinkohlen-Kokse
1953, 58 Seiten, DM 11,—

HEFT 26
Techn.-Wissenschaftl. Büro für die Bastfaserindustrie, Bielefeld
Vergleichende Untersuchungen zweier neuzeitlicher Ungleichmäßigkeitsprüfer für Bänder und Garne hinsichtlich ihrer Eignung für die Bastfaserspinnerei
1953, 64 Seiten, 30 Abb., DM 12,50

HEFT 27
Prof. Dr. E. Schratz, Münster
Untersuchungen zur Rentabilität des Arzneipflanzenanbaues Römische Kamille, Anthemis nobilis L.
1953, 16 Seiten, 1 Tabelle, DM 3,60

HEFT 28
Prof. Dr. E. Schratz, Münster
Calendula officinalis L. Studien zur Ernährung, Blütenfüllung und Rentabilität der Drogengewinnung
1953, 24 Seiten, 2 Abb., 3 Tabellen, DM 5,20

HEFT 29
Techn.-Wissenschaftl. Büro für die Bastfaserindustrie, Bielefeld
Die Ausnützung der Leinengarne in Geweben
1953, 100 Seiten, 14 Abb., 10 Tabellen, DM 17,80

HEFT 30
Gesellschaft für Kohlentechnik mbH., Dortmund-Eving
Kombinierte Entaschung und Verschwelung von Steinkohle; Aufarbeitung von Steinkohlenschlämmen zu verkokbarer oder verschwelbarer Kohle
1953, 56 Seiten, 16 Abb., 10 Tabellen, DM 10,50

HEFT 31
Dipl.-Ing. A. Stormanns, Essen
Messung des Leistungsbedarfs von Doppelsteg-Kettenförderern
1954, 54 Seiten, 18 Abb., 3 Anlagen, DM 11,—

HEFT 32
Techn.-Wissenschaftl. Büro für die Bastfaserindustrie, Bielefeld
Der Einfluß der Natriumchloridbleiche auf Qualität und Verwebbarkeit von Leinengarnen und die Eigenschaften der Leinengewebe unter besonderer Berücksichtigung des Einsatzes von Schützen- und Spulenwechselautomaten in der Leinenweberei
1953, 64 Seiten, 2 Abb., 12 Tabellen, DM 11,50

HEFT 33
Kohlenstoffbiologische Forschungsstation e. V.
Eine Methode zur Bestimmung von Schwefeldioxyd und Schwefelwasserstoff in Rauchgasen und in der Atmosphäre
1953, 32 Seiten, 8 Abb., 3 Tabellen, DM 6,50

HEFT 34
Textilforschungsanstalt Krefeld
Quellungs- und Entquellungsvorgänge bei Faserstoffen
1953, 52 Seiten, 13 Abb., 13 Tabellen, DM 9,80

WESTDEUTSCHER VERLAG · KÖLN UND OPLADEN

HEFT 35
Professor Dr. W. Kast, Krefeld
Feinstrukturuntersuchungen an künstlichen Zellulosefasern verschiedener Herstellungsverfahren. Teil I: Der Orientierungszustand
1953, 74 Seiten, 30 Abb., 7 Tabellen, DM 13,80

HEFT 36
Forschungsinstitut der feuerfesten Industrie, Bonn
Untersuchungen über die Trocknung von Rohton
Untersuchungen über die chemische Reinigung von Silika- und Schamotte-Rohstoffen mit chlorhaltigen Gasen
1953, 60 Seiten, 5 Abb., 5 Tabellen, DM 11,—

HEFT 37
Forschungsinstitut der feuerfesten Industrie, Bonn
Untersuchungen über den Einfluß der Probenvorbereitung auf die Kaltdruckfestigkeit feuerfester Steine
1953, 40 Seiten, 2 Abb., 5 Tabellen, DM 7,80

HEFT 38
Forschungsstelle für Acetylen, Dortmund
Untersuchungen über die Trocknung von Acetylen zur Herstellung von Dissousgas
1953, 36 Seiten, 11 Abb., 3 Tabellen, DM 6,80

HEFT 39
Forschungsgesellschaft Blechverarbeitung e. V., Düsseldorf
Untersuchungen an prägegemusterten und vorgelochten Blechen
1953, 46 Seiten, 34 Abb., DM 9,50

HEFT 40
*Landesgeologe Dr.-Ing. W. Wolff,
Amt für Bodenforschung, Krefeld*
Untersuchungen über die Anwendbarkeit geophysikalischer Verfahren zur Untersuchung von Spateisengängen im Siegerland
1953, 46 Seiten, 8 Abb., DM 8,80

HEFT 41
Techn.-Wissenschaftl. Büro für die Bastfaserindustrie, Bielefeld
Untersuchungsarbeiten zur Verbesserung des Leinenwebstuhles II
1953, 40 Seiten, 4 Abb., 5 Tabellen, DM 7,80

HEFT 42
Professor Dr. B. Helferich, Bonn
Untersuchungen über Wirkstoffe — Fermente — in der Kartoffel und die Möglichkeit ihrer Verwendung
1953, 58 Seiten, 9 Abb., DM 11,—

HEFT 43
Forschungsgesellschaft Blechverarbeitung e. V., Düsseldorf
Forschungsergebnisse über das Beizen von Blechen
1953, 48 Seiten, 38 Abb., 2 Tabellen, DM 11,30

HEFT 44
Arbeitsgemeinschaft für praktische Dehnungsmessung, Düsseldorf
Eigenschaften und Anwendungen von Dehnungsmeßstreifen
1953, 68 Seiten, 43 Abb., 2 Tabellen, DM 13,70

HEFT 45
Losenhausenwerk Düsseldorfer Maschinenbau AG., Düsseldorf
Untersuchungen von störenden Einflüssen auf die Lastgrenzenanzeige von Dauerschwingprüfmaschinen
1953, 36 Seiten, 11 Abb., 3 Tabellen, DM 7,25

HEFT 46
Prof. Dr. W. Fuchs, Aachen
Untersuchungen über die Aufbereitung von Wasser für die Dampferzeugung in Benson-Kesseln
1953, 58 Seiten, 18 Abb., 9 Tabellen, DM 11,20

HEFT 47
Prof. Dr.-Ing. K. Krekeler, Aachen
Versuche über die Anwendung der induktiven Erwärmung zum Sintern von hochschmelzenden Metallen sowie zur Anlegierung und Vergütung von aufgespritzten Metallschichten mit dem Grundwerkstoff
1954, 66 Seiten, 39 Abb., DM 13,90

HEFT 48
Max-Planck-Institut für Eisenforschung, Düsseldorf
Spektrochemische Analyse der Gefügebestandteile in Stählen nach ihrer Isolierung
1953, 38 Seiten, 8 Abb., 5 Tabellen, DM 7,80

HEFT 49
Max-Planck-Institut für Eisenforschung, Düsseldorf
Untersuchungen über Ablauf der Desoxydation und die Bildung von Einschlüssen in Stählen
1953, 52 Seiten, 19 Abb., 3 Tabellen, DM 12,40

HEFT 50
Max-Planck-Institut für Eisenforschung, Düsseldorf
Flammenspektralanalytische Untersuchung der Ferritzusammensetzung in Stählen
1953, 44 Seiten, 15 Abb., 4 Tabellen, DM 8,60

HEFT 51
Verein zur Förderung von Forschungs- und Entwicklungsarbeiten in der Werkzeugindustrie e. V., Remscheid
Untersuchungen an Kreissägeblättern für Holz, Fehler- und Spannungsprüfverfahren
1953, 50 Seiten, 23 Abb., DM 10,—

HEFT 52
Forschungsstelle für Acetylen, Dortmund
Untersuchungen über den Umsatz bei der explosiblen Zersetzung von Azetylen
a) Zersetzung von gasförmigem Azetylen
b) Zersetzung von an Silikagel absorbiertem Azetylen
1954, 48 Seiten, 8 Abb., 10 Tabellen, DM 9,25

HEFT 53
Professor Dr.-Ing. H. Opitz, Aachen
Reibwert und Verschleißmessungen an Kunststoffgleitführungen für Werkzeugmaschinen
1954, 38 Seiten, 18 Abb., DM 8,20

HEFT 54
Professor Dr.-Ing. F. A. F. Schmidt, Aachen
Schaffung von Grundlagen für die Erhöhung der spez. Leistung und Herabsetzung des spez. Brennstoffverbrauches bei Ottomotoren mit Teilbericht über Arbeiten an einem neuen Einspritzverfahren
1954, 34 Seiten, 15 Abb., DM 7,40

HEFT 55
Forschungsgesellschaft Blechverarbeitung e. V., Düsseldorf
Chemisches Glänzen von Messing und Neusilber
1954, 50 Seiten, 21 Abb., 1 Tabelle, DM 10,20

HEFT 56
Forschungsgesellschaft Blechverarbeitung e. V., Düsseldorf
Untersuchungen über einige Probleme der Behandlung von Blechoberflächen
1954, 52 Seiten, 42 Abb., DM 11,20

HEFT 57
Prof. Dr.-Ing. F. A. F. Schmidt, Aachen
Untersuchungen zur Erforschung des Einflusses des chemischen Aufbaues des Kraftstoffes auf sein Verhalten im Motor und in Brennkammern von Gasturbinen
1954, 70 Seiten, 32 Abb., DM 14,60

HEFT 58
Gesellschaft für Kohlentechnik mbH., Dortmund
Herstellung und Untersuchung von Steinkohlenschwelteer
1954, 74 Seiten, 9 Abb., 9 Tabellen, DM 13,75

HEFT 59
Forschungsinstitut der Feuerfest-Industrie e. V., Bonn
Ein Schnellanalysenverfahren zur Bestimmung von Aluminiumoxyd, Eisenoxyd und Titanoxyd in feuerfestem Material mittels organischer Farbreagenzien auf photometrischem Wege
Untersuchungen des Alkali-Gehaltes feuerfester Stoffe mit dem Flammenphotometer nach Riehm-Lange
1954, 62 Seiten, 12 Abb., 3 Tabellen, DM 11,60

HEFT 60
Forschungsgesellschaft Blechverarbeitung e. V., Düsseldorf
Untersuchungen über das Spritzlackieren im elektrostatischen Hochspannungsfeld
1954, 82 Seiten, 53 Abb., 7 Tabellen, DM 17,—

HEFT 61
Verein zur Förderung von Forschungs- und Entwicklungsarbeiten in der Werkzeugindustrie e. V., Remscheid
Schwingungs- und Arbeitsverhalten von Kreissägeblättern für Holz
1954, 54 Seiten, 31 Abb., DM 11,40

HEFT 62
Professor Dr. W. Franz, Institut für theoretische Physik der Universität Münster
Berechnung des elektrischen Durchschlags durch feste und flüssige Isolatoren
1954, 36 Seiten, DM 7,—

HEFT 63
Textilforschungsanstalt Krefeld
Neue Methoden zur Untersuchung der Wirkungsweise von Textilhilfsmitteln
Untersuchungen über Schlichtungs- und Entschlichtungsvorgänge
1954, 34 Seiten, 1 Abb., 5 Tabellen, DM 6,80

HEFT 64
Textilforschungsanstalt Krefeld
Die Kettenlängenverteilung von hochpolymeren Faserstoffen
Über die fraktionierte Fällung von Polyamiden
1954, 44 Seiten, 13 Abb., DM 8,60

HEFT 65
Fachverband Schneidwarenindustrie, Solingen
Untersuchungen über das elektrolytische Polieren von Tafelmesserklingen aus rostfreiem Stahl
1954, 90 Seiten, 38 Abb., 9 Tabellen, DM 17,35

HEFT 66
Dr.-Ing. P. Füsgen VDI †, Düsseldorf
Untersuchungen über das Auftreten des Ratterns bei selbsthemmenden Schneckengetrieben und seine Verhütung
1954, 32 Seiten, 5 Abb., DM 6,60

HEFT 67
Heinrich Wösthoff o. H. G., Apparatebau, Bochum
Entwicklung einer chemisch-physikalischen Apparatur zur Bestimmung kleinster Kohlenoxyd-Konzentrationen
1954, 94 Seiten, 48 Abb., 2 Tabellen, DM 18,25

HEFT 68
Kohlenstoffbiologische Forschungsstation e. V., Essen
Algengroßkulturen im Sommer 1952
II. Über die unsterile Großkultur von Scenedesmus obliquus
1954, 62 Seiten, 3 Abb., 29 Tabellen, DM 11,40

HEFT 69
Wäschereiforschung Krefeld
Bestimmung des Faserabbaues bei Leinen unter besonderer Berücksichtigung der Leinengarnbleiche
1954, 48 Seiten, 15 Abb., 3 Tabellen, DM 9,60

HEFT 70
Wäschereiforschung Krefeld
Trocknen von Wäschestoffen
1954, 52 Seiten, 18 Abb., 3 Tabellen, DM 10,—

HEFT 71
Prof. Dr.-Ing. K. Leist, Aachen
Kleingasturbinen, insbesondere zum Fahrzeugantrieb
1954, 114 Seiten, 85 Abb., DM 22,—

HEFT 72
Prof. Dr.-Ing. K. Leist, Aachen
Beitrag zur Untersuchung von stehenden geraden Turbinengittern mit Hilfe von Druckverteilungsmessungen
1954, 152 Seiten, 111 Abb., DM 36,20

HEFT 73
Prof. Dr.-Ing. K. Leist, Aachen
Spannungsoptische Untersuchungen von Turbinenschaufelfüßen
1954, 66 Seiten, 46 Abb., 2 Tabellen, DM 14,60

HEFT 74
Max-Planck-Institut für Eisenforschung, Düsseldorf
Versuche zur Klärung des Umwandlungsverhaltens eines sonderkarbidbildenden Chromstahls
1954, 58 Seiten, 10 Abb., DM 14,—

HEFT 75
Max-Planck-Institut für Eisenforschung, Düsseldorf
Zeit-Temperatur-Umwandlungs-Schaubilder als Grundlage der Wärmebehandlung der Stähle
1954, 44 Seiten, 13 Abb., DM 8,70

HEFT 76
Max-Planck-Institut für Arbeitsphysiologie, Dortmund
Arbeitstechnische und arbeitsphysiologische Rationalisierung von Mauersteinen
1954, 52 Seiten, 12 Abb., 3 Tabellen, DM 10,20

HEFT 77
Meteor Apparatebau Paul Schmeck GmbH., Siegen
Entwicklung von Leuchtstoffröhren hoher Leistung
1954, 46 Seiten, 12 Abb., 2 Tabellen, DM 9,15

HEFT 78
Forschungsstelle für Acetylen, Dortmund
Über die Zustandsgleichung des gasförmigen Acetylens und das Gleichgewicht Acetylen — Aceton
1954, 42 Seiten, 3 Abb., 8 Tabellen, DM 8,—

HEFT 79
Techn.-Wissenschaftl. Büro für die Bastfaserindustrie, Bielefeld
Trocknung von Leinengarnen III
Spinnspulen- und Spinnkopftrocknung
Vorgang und Einwirkung auf die Garnqualität
1954, 74 Seiten, 18 Abb., 10 Tabellen, DM 14,—

HEFT 80
Techn.-Wissenschaftl. Büro für die Bastfaserindustrie, Bielefeld
Die Verarbeitung von Leinengarn auf Webstühlen mit und ohne Oberbau
1954, 30 Seiten, 2 Abb., 2 Tabellen, DM 6,—

HEFT 81
Prüf- und Forschungsinstitut für Ziegeleierzeugnisse, Essen-Kray
Die Einführung des großformatigen Einheits-Gitterziegels im Lande Nordrhein-Westfalen
1954, 54 Seiten, 2 Abb., 2 Tabellen, DM 10,—

HEFT 82
Vereinigte Aluminium-Werke AG., Bonn
Forschungsarbeiten auf dem Gebiet der Veredelung von Aluminium-Oberflächen
1954, 46 Seiten, 34 Abb., DM 9,60

HEFT 83
Prof. Dr. S. Strugger, Münster
Über die Struktur der Proplastiden
1954, 30 Seiten, 15 Abb., DM 8,40

HEFT 84
Dr. H. Baron, Düsseldorf
Über Standardisierung von Wundtextilien
1954, 32 Seiten, DM 6,40

HEFT 85
Textilforschungsanstalt Krefeld
Physikalische Untersuchungen an Fasern, Fäden, Garnen und Geweben:
Untersuchungen am Knickscheuergerät nach Weltzien
1954, 40 Seiten, 11 Abb., 8 Tabellen, DM 10,—

HEFT 86
Prof. Dr.-Ing. H. Opitz, Aachen
Untersuchungen über das Fräsen von Baustahl sowie über den Einfluß des Gefüges auf die Zerspanbarkeit
1954, 108 Seiten, 73 Abb., 7 Tabellen, DM 22,—

HEFT 87
Gemeinschaftsausschuß Verzinken, Düsseldorf
Untersuchungen über Güte von Verzinkungen
1954, 68 Seiten, 56 Abb., 3 Tabellen, DM 15,30

HEFT 88
Gesellschaft für Kohlentechnik mbH., Dortmund-Eving
Oxydation von Steinkohle mit Salpetersäure
1954, 62 Seiten, 2 Abb., 1 Tabelle, DM 11,50

HEFT 89
Verein Deutscher Ingenieure, Gleitlagerforschung, Düsseldorf und Prof. Dr.-Ing. G. Vogelpohl, Göttingen
Versuche mit Preßstoff-Lagern für Walzwerke
1954, 70 Seiten, 34 Abb., DM 14,10

HEFT 90
Forschungs-Institut der Feuerfest-Industrie, Bonn
Das Verhalten von Silikasteinen im Siemens-Martin-Ofengewölbe
1954, 62 Seiten, 15 Abb., 11 Tabellen, DM 11,90

HEFT 91
Forschungs-Institut der Feuerfest-Industrie, Bonn
Untersuchungen des Zusammenhangs zwischen Leistung und Kohlenverbrauch von Kammeröfen zum Brennen von feuerfesten Materialien
1954, 42 Seiten, 6 Abb., DM 8,30

HEFT 92
Techn.-Wissenschaftl. Büro für die Bastfaserindustrie, Bielefeld
und Laboratorium für textile Meßtechnik, M.-Gladbach
Messungen von Vorgängen am Webstuhl
1954, 76 Seiten, 45 Abb., DM 15,50

HEFT 93
Prof. Dr. W. Kast, Krefeld
Spinnversuche zur Strukturerfassung künstlicher Zellulosefasern
1954, 82 Seiten, 39 Abb., 6 Tabellen, DM 16,—

HEFT 94
Prof. Dr. G. Winter, Bonn
Die Heilpflanzen des MATTHIOLUS (1611) gegen Infektionen der Harnwege und Verunreinigung der Wunden bzw. zur Förderung der Wundheilung im Lichte der Antibiotikaforschung
1954, 58 Seiten, 1 Abb., 2 Tabellen, DM 11,50

HEFT 95
Prof. Dr. G. Winter, Bonn
Untersuchungen über die flüchtigen Antibiotika aus der Kapuziner- (Tropaeolum maius) und Gartenkresse (Lepidium sativum) und ihr Verhalten im menschlichen Körper bei Aufnahme von Kapuziner- bzw. Gartenkressensalat per os
1955, 74 Seiten, 9 Abb., 25 Tabellen, DM 14,—

HEFT 96
Dr.-Ing. P. Koch, Dortmund
Austritt von Exoelektronen aus Metalloberflächen unter Berücksichtigung der Verwendung des Effektes für die Materialprüfung
1954, 34 Seiten, 13 Abb., DM 7,—

HEFT 97
Ing. H. Stein, Laboratorium für textile Meßtechnik, M.-Gladbach
Untersuchung der Verzugsvorgänge an den Streckwerken verschiedener Spinnereimaschinen
2. Bericht: Ermittlung der Haft-Gleiteigenschaften von Faserbändern und Vorgarnen
1955, 98 Seiten, 54 Abb., DM 21,—

HEFT 98
Fachverband Gesenkschmieden, Hagen
Die Arbeitsgenauigkeit beim Gesenkschmieden unter Hämmern
1955, 132 Seiten, 55 Abb., 9 Tabellen, DM 24,75

HEFT 99
Prof. Dr.-Ing. G. Garbotz, Aachen
Der Kraft- und Arbeitsaufwand sowie die Leistungen beim Biegen von Bewehrungsstählen in Abhängigkeit von den Abmessungen, den Formen und der Güte der Stähle (Ermittlung von Leistungsrichtlinien)
1955, 136 Seiten, 53 Abb., 3 Anlagen, 18 Tabellen, DM 30,—

HEFT 100
Prof. Dr.-Ing. H. Opitz, Aachen
Untersuchungen von elektrischen Antrieben, Steuerungen und Regelungen an Werkzeugmaschinen
1955, 166 Seiten, 71 Abb., 3 Tabellen, DM 31,30

HEFT 101
Prof. Dr.-Ing. H. Opitz, Aachen
Wirtschaftlichkeitsbetrachtungen beim Außenrundschleifen
1955, 100 Seiten, 56 Abb., 3 Tabellen, DM 19,30

HEFT 102
Dr. P. Hölemann, Ing. R. Hasselmann und Ing. G. Dix, Dortmund
Untersuchungen über die thermische Zündung von explosiblen Acetylenzersetzungen in Kapillaren
1954, 44 Seiten, 5 Abb., 4 Tabellen, DM 8,60

HEFT 103
Prof. Dr. W. Weizel, Bonn
Durchführung von experimentellen Untersuchungen über den zeitlichen Ablauf von Funken in komprimierten Edelgasen sowie zu deren mathematischen Berechnung
1955, 46 Seiten, 12 Abb., DM 9,10

HEFT 104
Prof. Dr. W. Weizel, Bonn
Über den Einfluß der Elektroden auf die Eigenschaften von Cadmium-Sulfid-Widerstands-Photozellen
1955, 48 Seiten, 12 Abb., DM 9,45

HEFT 105
Dr.-Ing. R. Meldau, Harsewinkel/Westf.
Auswertung von Gekörn — Analysen des Musterstaubes „Flugasche Fortuna I"
1955, 42 Seiten, 14 Abb., DM 8,50

HEFT 106
ORR. Dr.-Ing. W. Küch, Dortmund
Untersuchungen über die Einwirkung von feuchtigkeitsgesättigter Luft auf die Festigkeit von Leimverbindungen
1954, 60 Seiten, 10 Abb., 6 Tabellen, DM 11,40

HEFT 107
Prof. Dr. H. Lange und Dipl.-Phys. P. St. Pütter, Köln
Über die Konstruktion von Laboratoriumsmagneten
1955, 66 Seiten, 19 Abb., 1 Tabelle, DM 12,30

HEFT 108
Prof. Dr. W. Fuchs, Aachen
Untersuchungen über neue Beizmethoden und Beizabwässer
I. Die Entzunderung von Drähten mit Natriumhydrid
II. Die Aufbereitung von Beizabwässern
1955, 82 S., 15 Abb., 14 Tabellen, 1 Falttafel, DM 15,25

HEFT 109
Dr. P. Hölemann und Ing. R. Hasselmann, Dortmund
Untersuchungen über die Löslichkeit von Azetylen in verschiedenen organischen Lösungsmitteln
1954, 42 Seiten, 10 Abb., 8 Tabellen, DM 8,30

HEFT 110
Dr. P. Hölemann und Ing. R. Hasselmann, Dortmund
Untersuchungen über den Druckverlauf bei der explosiblen Zersetzung von gasförmigem Azetylen
1955, 54 Seiten, 10 Abb., 5 Tabellen, DM 11,—

HEFT 111
Fachverband Steinzeugindustrie, Köln
Die Entwicklung eines Gerätes zur Beschickung seitlicher Feuer von Steinzeug-Einzelkammeröfen mit festen Brennstoffen
1955, 46 Seiten, 16 Abb., DM 9,40

HEFT 112
Prof. Dr.-Ing. H. Opitz, Aachen
Verschleißmessungen beim Drehen mit aktivierten Hartmetallwerkzeugen
1954, 44 Seiten, 17 Abb., 6 Tabellen, DM 8,80

HEFT 113
Prof. Dr. O. Graf, Dortmund
Erforschung der geistigen Ermüdung und nervösen Belastung: Studien über die vegetative 24-Stunden-Rhythmik in Ruhe und unter Belastung
1955, 40 Seiten, 12 Abb., 1 Tabelle, DM 8,20

HEFT 114
Prof. Dr. O. Graf, Dortmund
Studien über Fließarbeitsprobleme an einer praxisnahen Experimentieranlage
1954, 34 Seiten, 6 Abb., DM 7,—

HEFT 115
Prof. Dr. O. Graf, Dortmund
Studium über Arbeitspausen in Betrieben bei freier und zeitgebundener Arbeit (Fließarbeit) und ihre Auswirkung auf die Leistungsfähigkeit
1955, 50 Seiten, 13 Abb., 2 Tabellen, DM 9,80

HEFT 116
Prof. Dr.-Ing. E. Siebel und Dr.-Ing. H. Weiss, Stuttgart
Untersuchungen an einigen Problemen des Tiefziehens — I. Teil
1955, 74 Seiten, 50 Abb., 5 Tabellen, DM 14,50

HEFT 117
Dr.-Ing. H. Beißwänger, Stuttgart, und Dr.-Ing. S. Schwandt, Trier
Untersuchungen an einigen Problemen des Tiefziehens — II. Teil
1955, 92 Seiten, 34 Abb., 8 Tabellen, DM 17,70

HEFT 118
Prof. Dr. E. A. Müller und Dr. H. G. Wenzel, Dortmund
Neuartige Klima-Anlage zur Erzeugung ungleicher Luft- und Strahlungstemperaturen in einem Versuchsraum
1955, 68 Seiten, 10 z. T. mehrfarb. Abb., DM 14,—

HEFT 119
Dr.-Ing. O. Viertel, Krefeld
Wäscherei- und energietechnische Untersuchung einer Gemeinschafts-Waschanlage
1955, 50 Seiten, 18 Abb., DM 10,20

HEFT 120
Dipl.-Ing. A. Weisbecker, Lüdenscheid
Über Anfressung an Reinstaluminium-Schweißnähten bei der elektrolytischen Oxydation
Gebr. Hörstermann GmbH., Velbert
Entwicklung und Erprobung eines neuartigen Gummibandförderers
1955, 46 Seiten, 18 Abb., DM 9,70

HEFT 121
Dr. H. Krebs, Bonn
I. Die Struktur und die Eigenschaften der Halbmetalle
II. Die Bestimmung der Atomverteilung in amorphen Substanzen
III. Die chemische Bindung in anorganischen Festkörpern und das Entstehen metallischer Eigenschaften
1955, 124 Seiten, 36 Abb., 13 Tabellen, DM 22,90

HEFT 122
Prof. Dr. W. Fuchs, Aachen
Untersuchungen zur Verbesserung der Wasseraufbereitung und Wasseranalyse:
Über die Schnellbewertung von Ionenaustauscher
1955, 62 Seiten, 32 Abb., DM 12,30

HEFT 123
Dipl.-Ing. J. Emondts, Aachen
Über Bodenverformungen bei stark gestörtem und mächtigen, wasserführendem Deckgebirge im Aachener Steinkohlengebiet
1955, 196 Seiten, 37 Abb., 10 Tabellen, DM 28,80

HEFT 124
Prof. Dr. R. Seyffert, Köln
Wege und Kosten der Distribution der Hausratwaren im Lande Nordrhein-Westfalen
1955, 74 Seiten, 25 Tabellen, DM 9,—

WESTDEUTSCHER VERLAG · KÖLN UND OPLADEN

HEFT 125
Prof. Dr. E. Kappler, Münster
Eine neue Methode zur Bestimmung von Kondensations-Koeffizienten von Wasser
1955, 46 Seiten, 11 Abb., 1 Tabelle, DM 9,10

HEFT 126
Prof. Dr.-Ing. J. Mathieu, Aachen
Arbeitszeitvergleich
Grundlagen, Methodik und praktische Durchführung
1955, 70 Seiten, DM 13,—

HEFT 127
Güteschutz Betonstein e. V., Arbeitskreis Nordrhein-Westfalen, Dortmund
Die Betonwaren-Gütesicherung im Lande Nordrhein-Westfalen
1955, 58 Seiten, 15 Abb., 3 Tabellen, DM 11,50

HEFT 128
Prof. Dr. O. Schmitz-DuMont, Bonn
Untersuchungen über Reaktionen in flüssigem Ammoniak
1955, 96 Seiten, 11 Abb., 6 Tabellen, DM 17,75

HEFT 129
Prof. Dr.-Ing. J. Mathieu und Dr. C. A. Roos, Aachen
Die Anlernung von Industriearbeitern
I. Ergebnisse einer grundsätzlichen Untersuchung der gegenwärtigen Industriearbeiter-Kurzanlernung
1955, 106 Seiten, DM 19,70

HEFT 130
Prof. Dr.-Ing. J. Mathieu und Dr. C. A. Roos, Aachen
Die Anlernung von Industriearbeitern
II. Beiträge zur Methodenfrage der Kurzanlernung
1955, 108 Seiten, DM 19,90

HEFT 131
Dr. W. Hoerburger, Köln
Versuche zur Biosynthese von Eiweiß aus Kohlenwasserstoff
1955, 34 Seiten, 2 Abb., DM 6,90

HEFT 132
Prof. Dr. W. Seith, Münster
Über Diffusionserscheinungen in festen Metallen
1955, 42 Seiten, 19 Abb., 4 Tabellen, DM 9,10

HEFT 133
Prof. Dr. E. Jenckel, Aachen
Über einen für Schwermetalle selektiven Ionenaustauscher
1955, 48 Seiten, 8 Abb., 13 Tabellen, DM 9,50

HEFT 134
Prof. Dr.-Ing. H. Winterhager, Aachen
Über die elektrochemischen Grundlagen der Schmelzfluß-Elektrolyse von Bleisulfid in geschmolzenen Mischungen mit Bleichlorid
1955, 54 Seiten, 20 Abb., 5 Tabellen, DM 11,80

HEFT 135
Prof. Dr.-Ing. K. Krekeler und Dr.-Ing. H. Peukert, Aachen
Die Änderung der mechanischen Eigenschaften thermoplastischer Kunststoffe durch Warmrecken
1955, 54 Seiten, 27 Abb., DM 11,10

HEFT 136
Dipl.-Phys. P. Pilz, Remscheid
Über spezielle Probleme der Zerkleinerungstechnik von Weichstoffen
1955, 58 Seiten, 19 Abb., 2 Tabellen, DM 11,50

HEFT 137
Prof. Dr. W. Baumeister, Münster
Beiträge zur Mineralstoffernährung der Pflanzen
1955, 64 Seiten, 6 Tabellen, DM 11,80

HEFT 138
Dr. P. Hölemann und Ing. R. Hasselmann, Dortmund
Untersuchungen über die Zersetzungswärme von gasförmigem und in Azeton gelöstem Azetylen
1955, 54 Seiten, 8 Abb., 7 Tabellen, DM 10,40

HEFT 139
Prof. Dr. W. Fuchs, Aachen
Studien über die thermische Zersetzung der Kohle und die Kohlendestillatprodukte
1955, 64 Seiten, 20 Abb., 22 Tabellen, DM 11,80

HEFT 140
Dr.-Ing. G. Hausberg, Essen
Modellversuche an Zyklonen
1955, 78 Seiten, 24 Abb., DM 15,70

HEFT 141
Dr. J. van Calker und Dr. R. Wienecke, Münster
Untersuchungen über den Einfluß dritter Analysenpartner auf die spektrochemische Analyse
1955, 42 Seiten, 15 Abb., DM 9,10

HEFT 142
Dipl.-Ing. G. M. F. Wiebel, Hannover, A. Konermann und A. Ottenheym, Sennelager
Entwicklung eines Kalksandleichtsteines
1955, 38 Seiten, 4 Abb., DM 8,—

HEFT 143
Prof. Dr. F. Wever, Dr. A. Rose und Dipl.-Ing. W. Straßburg, Düsseldorf
Härtbarkeit und Umwandlungsverhalten der Stähle
1955, 50 Seiten, 12 Abb., 3 Tabellen, DM 10,70

HEFT 144
Prof. Dr. H. Wurmbach, Bonn
Steuerung von Wachstum und Formbildung
1955, 48 Seiten, 19 Abb., DM 10,30

HEFT 145
Dr. G. Hennemann, Werdohl (Westf.)
Beitrag zur Interpretation der modernen Atomphysik
1955, 34 Seiten, DM 10,—

HEFT 146
Dr.-Ing. F. Gruß, Düsseldorf
Sterilisation mit Heißluft
1955, 34 Seiten, 10 Abb., DM 7,70

HEFT 147
Dr.-Ing. W. Rudisch, Unna
Untersuchung einer drehelastischen Elektromagnet-Synchronkupplung
1955, 82 Seiten, 65 Abb., DM 17,70

HEFT 148
Prof. Dr. H. Bittel u. Dipl.-Phys. L. Storm, Münster
Untersuchungen über Widerstandsrauschen
1955, 40 Seiten, 5 Abb., DM 8,40

HEFT 149
Dipl.-Ing. K. Konopicky und Dipl.-Chem. P. Kampa, Bonn
I. Beitrag zur flammenphotometrischen Bestimmung des Calciums.
Dr.-Ing. K. Konopicky, Bonn
II. Die Wanderung von Schlackenbestandteilen in feuerfesten Baustoffen
1955, 54 Seiten, 10 Abb., 5 Tabellen, DM 11,—

HEFT 150
Prof. Dr.-Ing. O. Kienzle und Dipl.-Ing. W. Timmerbeil, Hannover
Das Durchziehen enger Kragen an ebenen Fein- und Mittelblechen
1955, 52 Seiten, 20 Abb., 8 Tabellen, DM 11,30

HEFT 151
Dipl.-Ing. P. Karabasch, Aachen
Feststellung des optimalen Gasgehaltes von Bronzen zur Erzielung druckdichter Gußstücke
1956, 64 Seiten, 31 Abb., 5 Tabellen, DM 13,90

HEFT 152
Dipl.-Ing. G. Müller, Köln
Ermittlung der Laufeigenschaften (Vergießbarkeit) von Bronze und Rotguß mittels der Schneider-Gießspirale
1955, 60 Seiten, 33 Abb., DM 13,30

HEFT 153
Prof. Dr. F. Wever, Dr.-Ing. W. A. Fischer und Dipl.-Ing. J. Engelbrecht, Düsseldorf
I. Die Reduktion sauerstoffhaltiger Eisenschmelzen im Hochvakuum mit Wasserstoff und Kohlenstoff
II. Einfluß geringer Sauerstoffgehalte auf das Gefüge und Alterungsverhalten von Reineisen
1955, 54 Seiten, 15 Abb., 2 Tabellen, DM 12,40

HEFT 154
Prof. Dr.-Ing. P. Bardenheuer und Dr.-Ing. W. A. Fischer, Düsseldorf
Die Verschlackung von Titan aus Stahlschmelzen im sauren und basischen Hochfrequenzofen unter verschiedenen Schlacken
1955, 36 Seiten, 10 Abb., 1 Tabelle, DM 7,95

HEFT 155
Dipl.-Phys. K. H. Schirmer, München
Die auf Grau abgestimmte Farbwiedergabe im Dreifarbenbuchdruck
1955, 46 Seiten, 17 Abb., 2 Farbtafeln, DM 10,—

HEFT 156
Prof. Dr.-Ing. B. von Borries und Mitarbeiter, Düsseldorf
Die Entwicklung regelbarer permanentmagnetischer Elektronenlinsen hoher Brechkraft und eines mit ihnen ausgerüsteten Elektronenmikroskopes neuer Bauart
1956, 102 Seiten, 52 Abb., DM 22,55

HEFT 157
Dr. W. Jawtusch, Dr. G. Schuster und Prof. Dr.-Ing. R. Jaeckel, Bonn
Untersuchungen über die Stoßvorgänge zwischen neutralen Atomen und Molekülen
1955, 48 Seiten, 15 Abb., 3 Tabellen, DM 10,50

HEFT 158
Dipl.-Ing. W. Rosenkranz, Meinerzhagen
Ein Beitrag zum Problem der Spannungskorrosion bei Preßprofilen und Preßteilen aus Aluminium-Legierungen
1956, 112 Seiten, 61 Abb., 5 Tabellen, DM 27,40

HEFT 159
Dr.-Ing. O. Viertel und O. Oldenroth, Krefeld
Das Bleichen von Weißwäsche mit Wasserstoffsuperoxyd bzw. Natriumhypochlorit beim maschinellen Waschen
1955, 54 Seiten, 23 Abb., 2 Tabellen, DM 11,45

HEFT 160
Prof. Dr. W. Klemm, Münster
Über neue Sauerstoff- und Fluor-haltige Komplexe
1955, 50 Seiten, 13 Abb., 7 Tabellen, DM 10,80

HEFT 161
Prof. Dr. W. Weltzien und Dr. G. Hauschild, Krefeld
Über Silikone und ihre Anwendung in der Textilveredlung
1955, 162 Seiten, 22 Abb., 10 Tabellen, DM 27,—

HEFT 162
Prof. Dr. F. Wever, Prof. Dr. A. Kochendörfer und Dr.-Ing. Chr. Rohrbach, Düsseldorf
Kennzeichnung der Sprödbruchneigung von Stählen durch Messung der Fließspannung, Reißspannung und Brucheinschnürung an dreiachsig beanspruchten Proben
1955, 58 Seiten, 26 Abb., DM 13,—

HEFT 163
Dipl.-Ing. W. Rohs und Text.-Ing. H. Griese, Bielefeld
Untersuchungsarbeiten zur Verbesserung des Leinenwebstuhls III
1955, 80 Seiten, 15 Abb., 18 Tabellen, DM 15,80

HEFT 164
Dr.-Ing. H. Schmachtenberg, Köln
Neuartige Prüfeinrichtungen für Kraftfahrzeuge
1955, 44 Seiten, 23 Abb., DM 9,60

HEFT 165
Dr.-Ing. W. Wilhelm, Aachen
Instationäre Gasströmung im Auspuffsystem eines Zweitaktmotors
1955, 62 Seiten, 31 Abb., 8 Tabellen, DM 13,60

HEFT 166
Prof. Dr. M. v. Stackelberg, Dr. H. Heindze, Dr. H. Hübschke und Dr. K. H. Frangen, Bonn
Kolloidchemische Untersuchungen
1955, 106 Seiten, 8 Abb., 13 Tabellen, DM 21,25

HEFT 167
Prof. Dr.-Ing. F. Schuster, Essen
I. Über die Heißkarburierung von Brenngasen mit Ölen und Teeren
II. Die Strahlungsvorgänge in brennstoffbeheizten Öfen bei verschiedenen Verbrennungsatmosphären
1955, 38 Seiten, 8 Abb., DM 8,30

HEFT 168
Prof. Dr.-Ing. F. Schuster, Essen
I. Luftvorwärmung an Gasfeuerungen
II. Heizwerthöhe von Brenngasen und Wirkungsgrad sowie Gasverbrauch bei der Gasverwendung
III. Sauerstoffangereicherte Luft und feuerungstechnische Kenngrößen von Brenngasen
1955, 60 Seiten, 18 Abb., DM 12,50

HEFT 169
Forschungsinstitut für Pigmente und Lacke, Stuttgart
Arbeiten über die Bestimmung des Gebrauchswertes von Lackfilmen durch physikalische Prüfungen
1955, 70 Seiten, 23 Abb., 4 Tabellen, DM 15,—

HEFT 170
Prof. Dr. F. Wever, Dr. A. Rose und Dipl.-Ing L. Rademacher, Düsseldorf
Anwendung der Umwandlungsschaubilder auf Fragen der Werkstoffauswahl beim Schweißen und Flammhärten
1955, 64 Seiten, 25 Abb., DM 13,70

WESTDEUTSCHER VERLAG · KÖLN UND OPLADEN

HEFT 171
Wäschereiforschung Krefeld
Untersuchung der Wäscheentwässerung mit Hilfe von Zentrifugen und Pressen
1955, 42 Seiten, 16 Abb., 4 Tabellen, DM 9,70

HEFT 172
Dipl.-Ing. W. Rohs, Dr.-Ing. G. Satlow und Text.-Ing. G. Heller, Bielefeld
Trocknung von Hanfgarnen. Kreuzspultrocknung
1955, 60 Seiten, 7 Abb., 4 Tabellen, DM 10,30

HEFT 173
Prof. Dr. R. Hosemann und Dipl.-Phys. G. Schoknecht, Berlin, vorgelegt von Prof. Dr. W. Kast, Krefeld
Lichtoptische Herstellung und Diskussion der Faltungsquadrate parakristalliner Gitter
1956, 108 Seiten, 63 Abb., 6 Tabellen, DM 24,70

HEFT 174
Prof. Dr. W. von Fragstein, Dr. J. Meingast und H. Hoch, Köln
Herstellung von Solen einheitlicher Teilchengröße und Ermittlung ihrer optischen Eigenschaften
1955, 78 Seiten, 80 Abb., 4 Tabellen, DM 18,25

HEFT 175
Dr.-Ing. H. Zeller, Aachen
Beitrag zur eindimensionalen stationären und nichtstationären Gasströmung mit Reibung und Wärmeleitung, insbesondere in Rohren mit unstetigen Querschnittsänderungen.
1956, 138 Seiten, 56 Abb., DM 29,30

HEFT 176
Dipl.-Ing. H. Schöberl, Duisburg
Über die Methoden zur Ermittlung der Verbrennungstemperatur von Brennstoffen und ein Vorschlag zu ihrer Verbesserung
1955, 30 Seiten, 3 Abb., DM 6,50

HEFT 177
Dipl.-Ing. H. Stüdemann, Solingen, und Dr.-Ing. W. Müchler, Essen
Entwicklung eines Verfahrens zur zahlenmäßigen Bestimmung der Schneideigenschaften von Messerklingen
1956, 104 Seiten, 68 Abb., 4 Tabellen, DM 22,20

HEFT 178
Prof. Dr. M. von Stackelberg u. Dr. W. Hans, Bonn
Untersuchungen zur Ausarbeitung und Verbesserung von polarographischen Analysenmethoden
1955, 46 Seiten, 14 Abb., DM 10,50

HEFT 179
Dipl.-Ing. H. F. Reineke, Bochum
Entwicklungsarbeiten auf dem Gebiete der Meß- und Regeltechnik
1955, 46 Seiten, 10 Abb., DM 10,—

HEFT 180
Dr.-Ing. W. Piepenburg, Dipl.-Ing. B. Bühling und Bauing. J. Behnke, Köln
Putzarbeiten im Hochbau und Versuche mit aktiviertem Mörtel und mechanischem Mörtelauftrag
1955, 116 Seiten, 31 Abb., 68 Tabellen, DM 23,—

HEFT 181
Prof. Dr. W. Franz, Münster
Theorie der elektrischen Leitvorgänge in Halbleitern und isolierenden Festkörpern bei hohen elektrischen Feldern
1955, 28 Seiten, 2 Abb., 1 Tabelle, DM 6,20

HEFT 182
Dr.-Ing. P. Schenk u. Dr. K. Osterloh, Düsseldorf
Katalytisch-thermische Spaltung von gasförmigen und flüssigen Kohlenwasserstoffen zur Spitzengaserzeugung
1955, 50 Seiten, 11 Abb., 11 Tabellen, DM 10,90

HEFT 183
Dr. W. Bornheim, Köln
Entwicklungsarbeiten an Flaschen- und Ampullen-Behandlungsmaschinen für die pharmazeutische Industrie
1956, 48 Seiten, 24 Abb., DM 11,70

HEFT 184
Dr.-Ing. E. Printz, Kettwig
Vollhydraulische Parallel-Kupplung für Ackerschlepper
1955, 32 Seiten, 4 Abb., DM 7,80

HEFT 185
Dipl.-Ing. W. Rohs und Text.-Ing. G. Heller, Bielefeld
Studien an einem neuzeitlichen Kreuzspultrockner für Bastfasergarne mit Wiederbefeuchtungszone
1955, 52 Seiten, 9 Abb., 3 Tabellen, DM 10,70

HEFT 186
Dr. E. Wedekind, Krefeld
Untersuchungen zur Arbeitsbestgestaltung bei der Fertigstellung von Oberhemden in gewerblichen Wäschereien
1955, 124 Seiten, 28 Abb., 6 Tabellen, 2 Falttaf., DM 12,—

HEFT 187
Dipl.-Ing. F. Göttgens, Essen
Über die Eigenarten der Bimetall-, Thermo- und Flammenionisationssicherungsmethode in ihrer Anwendung auf Zündsicherungen
1955, 40 Seiten, 6 Abb., 4 Tabellen, DM 8,40

HEFT 188
W. Kinnebrock, Langenberg (Rhld.)
Der Einfluß des Austausches gleicher Gaskochbrenner bzw. Gaskochbrennerteile auf den Wirkungsgrad und insbesondere auf den CO-Gehalt der Verbrennungsgase
1955, 42 Seiten, 7 Abb., 3 Tabellen, DM 8,70

HEFT 189
Fa. E. Leybold's Nachfolger, Köln
I. Ausgewählte Kapitel aus der Vakuumtechnik
II. Zum Verlust anorganisch-nichtflüchtiger Substanzen während der Gefriertrocknung
1955, 52 Seiten, 16 Abb., 3 Tabellen, DM 11,20

HEFT 190
Prof. Dr. A. Neuhaus, Prof. Dr. O. Schmitz-DuMont und Dipl.-Chem. H. Reckhard, Bonn
Zur Kenntnis der Alkalititanate
1955, 60 Seiten, 13 Abb., 1 Tabelle, DM 12,20

HEFT 191
Dr. H. Söhngen, Darmstadt
Schwingungsverhalten eines Schaufelkranzes im Vakuum
1955, 36 Seiten, 7 Abb., DM 7,80

HEFT 192
Dipl.-Phys. E. M. Schneider, München
Kohlebogenlampen für Aufnahme und Kopie
1955, 48 Seiten, 21 Abb., 3 Tabellen, DM 10,60

HEFT 193
Prof. Dr. O. Schmitz-DuMont, Bonn
Untersuchungen über neue Pigmentfarbstoffe
1956, 50 Seiten, 16 Abb., 8 Tabellen, DM 11,20

HEFT 194
Dr. K. Hecht, Köln
Entwicklung neuartiger physikalischer Unterrichtsgeräte
1955, 42 Seiten, 16 Abb., DM 9,90

HEFT 195
Dr.-Ing. E. Rößger, Köln
Gedanken über einen neuen deutschen Luftverkehr
1955, 342 Seiten, 29 Abb., 122 Tabellen, DM 50,—

HEFT 196
Dipl.-Ing. W. Rohs und Text.-Ing. H. Griese, Bielefeld
Auswirkungen von Garnfehlern bei der Verarbeitung von Leinengarnen
1955, 36 Seiten, 3 Abb., 6 Tabellen, DM 7,80

HEFT 197
Dr. E. Wedekind, Krefeld
Untersuchungen zur Bestimmung der optimalen Arbeitsplatzgröße bei Mehrstuhlarbeit in der Weberei
1955, 92 Seiten, 34 Abb., 3 Tabellen, DM 18,50

HEFT 198
Prof. Dr. J. Weissinger, Karlsruhe
Zur Aerodynamik des Ringflügels. Die Druckverteilung dünner, fast drehsymmetrischer Flügel in Unterschallströmung
1955, 42 Seiten, 5 Abb., DM 9,—

HEFT 199
Textilforschungsanstalt Krefeld
Die Messung von Gewebetemperaturen mittels Temperaturstrahlung
1955, 50 Seiten, 12 Abb., DM 10,90

HEFT 200
R. Seipenbusch, Langenberg (Rhld.)
Spitzengas durch Zusatz von Flüssiggas-Wassergas- und Flüssiggas-Generatorgas-Gemischen zu Stadtgas
1955, 48 Seiten, 21 Abb., DM 10,35

HEFT 201
Dr.-Ing. E. W. Pleines, Frankfurt/Main
Die Sicherheit im Luftverkehr
1956, 194 Seiten, 39 Abb., 19 Tabellen, DM 39,50

HEFT 202
Dipl.-Ing. D. Fiecke, Stuttgart/Zuffenhausen
Die Bestimmung der Flugzeugpolaren für Entwurfszwecke. I Teil: Unterlagen
1956, 216 Seiten, 171 Diagr., DM 59,70

HEFT 203
Dr. G. Wandel, Bonn
Uferbewachsung und Lebendverbauung an den Nordwestdeutschen Kanälen und ihren Zuflüssen sowie an der Ruhr
1956, 122 Seiten, 88 Abb., DM 25,70

HEFT 204
Dipl.-Ing. B. Naendorf, Langenberg (Rhld.)
Bestimmung der Brenneigenschaften und des Brennverhaltens verschiedener Gasarten und Einfluß verschiedener Düsengestaltung
1955, 32 Seiten, DM 7,10

HEFT 205
Dr. C. Schaarwächter, Düsseldorf
Über plastische Kupfer-Eisen-Phosphor-Legierungen
1936, 36 Seiten, 10 Abb., 10 Tabellen, DM 8,30

HEFT 206
Dr. P. Hölemann, Ing. R. Hasselmann und Ing. G. Dix, Dortmund
Untersuchungen über die Vorgänge bei der Zersetzung von in Azeton gelöstem Azetylen
1956, 74 Seiten, 7 Abb., 7 Tabellen, DM 15,55

HEFT 207
Prof. Dr.-Ing. H. Opitz, Dipl.-Ing. K. H. Fröhlich und Dipl.-Ing. H. Siebel, Aachen
Richtwerte für das Fräsen von unlegierten und legierten Baustählen mit Hartmetall. I. Teil
1956, 48 Seiten, 27 Abb., 3 Tabellen, DM 11,10

HEFT 208
Prof. Dr.-Ing. H. Müller, Essen
Untersuchung von Elektrowärmegeräten für Laienbedienung hinsichtlich Sicherheit und Gebrauchsfähigkeit. I. Untersuchungen an Kochplatten
1956, 100 Seiten, 76 Abb., 7 Tabellen, DM 22,70

HEFT 209
Dr. K. Bunge, Leverkusen
Materialabbau in Funkenentladungen. Untersuchungen an Zinkkathoden
1956, 54 Seiten, 10 Abb., 5 Tabellen, DM 11,40

HEFT 210
Dr. W. Porschen und Prof. Dr. W. Riezler, Bonn
Langlebige Alphaaktivitäten bei natürlichen Elementen
1955, 40 Seiten, 5 Abb., 4 Tabellen, DM 8,80

HEFT 211
Prof. Dipl.-Ing. W. Sturtzel und Dr.-Ing. W. Graff, Duisburg
Die Versuchsanstalt für Binnenschiffbau, Duisburg
1956, 48 Seiten, 22 Abb., 11,—

HEFT 212
Dipl.-Ing. H. Spodig, Selm
Untersuchung zur Anwendung der Dauermagnete in der Technik *1955, 44 Seiten, 25 Abb., DM 9,80*

HEFT 213
Dipl.-Ing. K. F. Rittinghaus, Aachen
Zusammenstellung eines Meßwagens für Bau- und Raumakustik *in Vorbereitung*

HEFT 214
Dr.-Ing. J. Endres, München
Berechnung der optimalen Leistungen, Kraftstoffverbräuche und Wirkungsgrade von Einkreis-Turbolader-Strahltriebwerken am Boden und in der Höhe bei Fluggeschwindigkeiten von 0—2000 km/h
1956, 72 Seiten, 18 Abb., 8 Tabellen, DM 15,40

HEFT 215
Prof. Dr.-Ing. H. Opitz und Dr.-Ing. G. Weber, Aachen
Einfluß der Wärmebehandlung von Baustählen auf Spanentstehung, Schnittkraft- und Standzeitverhalten
1956, 80 Seiten, 30 Abb., 10 Tabellen, DM 18,40

HEFT 216
Dr. E. Kloth, Köln
Untersuchungen über die Ausbreitung kurzer Schallimpulse bei der Materialprüfung mit Ultraschall
1956, 90 Seiten, 60 Abb., 4 Tabellen, DM 19,40

HEFT 217
Rationalisierungskuratorium der Deutschen Wirtschaft (RKW), Frankfurt/Main
Typenvielzahl bei Haushaltgeräten und Möglichkeiten einer Beschränkung
1956, 328 Seiten, 2 Abb., 181 Tabellen, DM 49,50

HEFT 218
Dr. F. Keune, Aachen
Bericht über eine Theorie der Strömung um Rotationskörper ohne Anstellung bei Machzahl Eins
1955, 40 Seiten, 8 Abb., 5 Formelblätter, DM 8,80

WESTDEUTSCHER VERLAG · KÖLN UND OPLADEN

HEFT 219
Prof. Dr. W. Fuchs, Aachen
Untersuchungen zur Holzabfallverwertung und zur Chemie des Lignins
1955, 54 Seiten, 11 Abb., 15 Tabellen DM 11,40

HEFT 220
Prof. Dr. W. Fuchs, Aachen
Die Entwicklung neuer Regel- und Kontroll-Apparate zur coulometrischen Analyse
1956, 76 Seiten, 17 Abb. 23 Tabellen, DM 15,50

HEFT 221
Dr. W. Meyer-Eppler, Bonn
Experimentelle Untersuchungen zum Mechanismus von Stimme und Gehör in der lautsprachlichen Kommunikation
1955, 56 Seiten, 24 Abb., DM 13,45

HEFT 222
Dr. L. Köllner, Münster, und Dipl.-Volkswirt M. Kaiser, Bochum
Die internationale Wettbewerbsfähigkeit der westdeutschen Wollindustrie
1956, 214 Seiten, DM 39,50

HEFT 223
Dr.-Ing. K. Alberti und Dr. F. Schwarz, Köln
Über das Problem Hartbrand-Weichbrand
1956, 54 Seiten, 25 Abb., 14 Tabellen, DM 12,10

HEFT 224
Dipl.-Ing. H. Stüdemann und Ing. R. Beu, Solingen
Verfahren zur Prüfung der Korrosionsbeständigkeit von Messerklingen aus rostfreiem Stahl
1956, 82 Seiten, 28 Abb., DM 16,90

HEFT 225
Dr.-Ing. E. Barz, Remscheid
Der Spannungszustand von Gattersägeblättern
1956, 74 Seiten, 54 Abb., DM 16,50

HEFT 226
Technisch-wissenschaftliches Büro für die Bastfaserindustrie, Bielefeld
Untersuchungen zur Verbesserung des Leinenwebstuhles IV
Die Wirkung verschiedener Kettbaumbremsen auf die Verwebung von Leinengarnen
1956, 64 Seiten, 9 Abb., 4 Tabellen, DM 13,50

HEFT 227
Prof. Dr. F. Wever, Düsseldorf und Dr. W. Wepner, Köln
Untersuchung der Alterungsneigung von weichen unlegierten Stählen durch Härteprüfung bei Temperaturen bis 300 Grad C
1956, 34 Seiten, 20 Abb., 3 Tabellen, DM 7,95

HEFT 228
Prof. Dr. F. Wever, Dr. W. Koch, Düsseldorf, und Dr. B. A. Steinkopf, Dortmund
Spektrochemische Grundlagen der Analyse von Gemischen aus Kohlenmonoxyd, Wasserstoff und Stickstoff
1956, 42 Seiten, 18 Abb., 1 Tabelle, DM 9,90

HEFT 229
Prof. Dr. F. Wever, Dr. W. Koch und Dr.-Ing. H. Malissa, Düsseldorf
Über die Anwendung disubstituierter Dithiocarbamate der analytischen Chemie
1956, 44 Seiten, 30 Abb., 5 Tabellen, DM 10,50

HEFT 230
Prof. Dr. F. Wever, Düsseldorf, und Dr. W. Wepner, Köln
Bestimmung kleiner Kohlenstoffgehalte im Alpha-Eisen durch Dämpfungsmessung
1956, 34 Seiten, 5 Abb., 2 Tabellen, DM 7,70

HEFT 231
Dr.-Ing. W. Küch, Dortmund
Über die Wechselwirkung zwischen Holzschutzbehandlung und Verleimung
1956, 48 Seiten, 10 Abb., 8 Tabellen, DM 10,40

HEFT 232
Prof. Dr.-Ing. O. Kienzle, Hannover, und Dr.-Ing. H. Münnich, Schweinfurt
Feststellung der Spannungen und Dehnungen und Bruchdrehzahlen der unter Fliehkraft und Bearbeitungskraft beanspruchten Schleifkörper
in Vorbereitung

HEFT 233
Dr. H. Haase, Hamburg
Infrarot-Bibliographie
1956, 90 Seiten, DM 17,80

HEFT 234
Dr.-Ing. K. G. Speith und Dr.-Ing. A. Bungeroth, Duisburg
Versuche zur Steigerung des Kokillen-Schluckvermögens beim Stranggießen von Stahl
1956, 26 Seiten, 5 Abb., DM 6,15

HEFT 235
Prof. Dr.-Ing. K. Leist und Dipl.-Ing. W. Dettmering, Aachen
Turbinenschaufeln aus Kunststoff für Kaltluftversuchsanlagen
1956, 46 Seiten, 43 Abb., 3 Tabellen, DM 12,30

HEFT 236
Dr.-Ing. O. Viertel und S. Lucas, Krefeld
Ergebnisse einer Hausfrauenbefragung über Wascheinrichtungen und Waschmethoden in städtischen Haushaltungen
1956, 34 Seiten, 4 Abb., DM 7,60

HEFT 237
Dr. P. Endler und Dr. H. Ludes, Köln
Bericht über eine Studienreise zur Orientierung der heutigen Behandlung der Lungentuberkulose in den Vereinigten Staaten von Nordamerika
1956, 32 Seiten, DM 7,10

HEFT 238
Institut für textile Meßtechnik, M.-Gladbach, e. V.
Untersuchungen der Verzugsvorgänge an den Streckwerken verschiedener Spinnereimaschinen. 3. Bericht: Theoretische Betrachtungen über den Einfluß schlagender Zylinder und Druckrollen
1956, 66 Seiten, 21 Abb., DM 14,10

HEFT 239
Prof. Dr.-Ing. K. Leist, Dipl.-Ing. H. Scheele, Aachen, und Dipl.-Ing. F. H. Flottmann, Herne
Versuche an einem neuartigen luftgekühlten Hochleistungs-Kolbenkompressor
1956, 72 Seiten, 19 Abb., 7 Tabellen, DM 14,40

HEFT 240
Prof. Dr.-Ing. K. Leist und Dipl.-Ing. H. Scheele, Aachen
Temperaturmessungen an einem einstufigen luftgekühlten 4-Zylinder-Kolbenkompressor mit Kühlgebläse
1956, 74 Seiten, 36 Abb., DM 14,80

HEFT 241
Prof. Dr.-Ing. K. Leist und Dipl.-Ing. M. Pötke, Aachen
Leistungsversuche an einem Kühlluftgebläse
1956, 60 Seiten, 13 Abb., DM 11,70

HEFT 242
Prof. Dr.-Ing. K. Leist und Dipl.-Ing. K. Graf, Aachen
Straßenfahrzeuge mit Gasturbinenantrieb
1956, 82 Seiten, 63 Abb., DM 17,20

HEFT 243
Prof. Dr.-Ing. K. Leist und Dipl.-Ing. S. Förster, Aachen
Die französische Kleingasturbine Artouste — 1. Teil
1956, 80 Seiten, 41 Abb., DM 15,85

HEFT 244
Prof. Dr. F. Wever, Dr. W. Koch und Dr. S. Eckhard, Düsseldorf
Erfahrungen mit der spektrochemischen Analyse von Gefügebestandteilen des Stahles
1956, 32 Seiten, 8 Abb., 2 Tabellen, DM 7,80

HEFT 245
Prof. Dr.-Ing. habil. K. Krekeler, Aachen
Das Verbinden von Metallen durch Kunstharzkleber. Teil I: Eigenschaften und Verwendung der Metallklebstoffe
1956, 48 Seiten, 8 Abb., DM 10,25

HEFT 246
Prof. Dr.-Ing. habil. K. Krekeler, Aachen
Das Verbinden von Metallen durch Kunstharzkleber. Teil II: Untersuchungen an geklebten Leichtmetall-Verbindungen
1956, 80 Seiten, 40 Abb., DM 17,50

HEFT 247
Dr. H. Söhngen, Darmstadt
Strömung vor einem Überschall-Laufrad
1956, 26 Seiten, 4 Abb., DM 7,60

HEFT 248
Rheinische Aktiengesellschaft für Braunkohlenbergbau und Brikettfabrikation, Köln
Untersuchung der Bindemitteleigenschaften von Braunkohlenfilteraschen
1956, 176 Seiten, 26 Abb., 30 Tabellen, DM 35,60

HEFT 249
Dr. M.-E. Meffert, Essen
Weitere Kulturversuche Scenedesmus obliquus
1956, 36 Seiten, 5 Abb., 10 Tabellen, DM 8,—

HEFT 250
Dr. F. Schwarz und Dr.-Ing. K. Alberti, Köln
Entwicklung von Untersuchungsverfahren zur Gütebeurteilung von Industriekalken
1956, 36 Seiten, 9 Abb., DM 16,50

HEFT 251
Prof. Dr. H. Bittel, Münster
Zur Statistik der ferromagnetischen Elementarvorgänge und ihren Einfluß auf das Barkhausenrauschen
1956, 52 Seiten, 14 Abb., DM 11,65

HEFT 252
Dipl.-Ing. H. Frings, Geilenkirchen
Die Wirkung abfallender Wetterführung auf Wettertemperatur, Grubengasgehalt und Staubbildung
1957, 126 Seiten, 23 Abb., 13 Falttafeln, 38 Tab., DM 35,70

HEFT 253
Dipl.-Ing. S. Schirmanski, Berghausen
Stand und Auswertung der Forschungsarbeiten über Temperatur- und Feuchtigkeitsgrenzen bei der bergmännischen Arbeit
1957, 80 Seiten, 24 Abb., 12 Tab., DM 17,10

HEFT 254
Prof. Dr. R. Danneel, Bonn
Quantitative Untersuchungen über die Entwicklung des Ehrlich-Ascitestumors bei Inzuchtmäusen
1956, 52 Seiten, 17 Tabellen, DM 11,75

HEFT 255
Ing. B. v. Schlippe, Bad Nauheim
Strömung von Flüssigkeiten mit temperaturabhängiger Zähigkeit (Kühlung von Öfen)
1956, 54 Seiten, 12 Abb., 4 Tabellen, DM 11,70

HEFT 256
Prof. Dr. C. Schmieden und Dipl.-Math. K. H. Müller, Darmstadt
Die Strömung einer Quellstrecke im Halbraum — eine strenge Lösung der Navier-Stokes-Gleichungen
1956, 40 Seiten, 9 Abb., DM 8,80

HEFT 257
Prof. Dr. G. Lehmann und Dr. J. Tamm, Dortmund
Die Beeinflussung vegetativer Funktionen des Menschen durch Geräusche
1956, 48 Seiten, 25 Abb., 3 Tabellen, DM 11,20

HEFT 258
Dr. H. Paul, Linz (Rhein), und Prof. Dr. O. Graf, Dortmund
Zur Frage der Unfälle im Bergbau
1956, 52 Seiten, 9 Abb., 22 Tabellen, DM 11,20

HEFT 259
Prof. Dr. W. Linke, Aachen
Strömungsvorgänge in künstlich belüfteten Räumen
1956, 52 Seiten, 37 Abb., 1 Tabelle, DM 11,80

HEFT 260
Prof. Dr. W. Kast, Freiburg (Br.), Prof. Dr. A. H. Stuart und Dipl.-Phys. H. G. Fendler, Hannover
Lichtzerstreuungsmessungen an Lösungen hochpolymerer Stoffe
1956, 70 Seiten, 25 Abb., 5 Tabellen, DM 15,60

HEFT 261
Prof. Dr. W. Kast, Freiburg (Br.)
Feinstruktur-Untersuchungen an künstlichen Zellulosefasern verschiedener Herstellungsverfahren. Teil II: Der Kristallisationszustand
1956, 80 Seiten, 27 Abb., 11 Tabellen, DM 17,20

HEFT 262
Dr.-Ing. W. Batel, Aachen
Untersuchungen zur Absiebung feuchter, feinkörniger Haufwerke und Schwingsieben
1956, 100 Seiten, 45 Abb., 5 Tabellen, DM 23,40

HEFT 263
Prof. Dr. H. Lange und Dipl.-Phys. R. Kohlhaas, Köln
Über die Wärmeleitfähigkeit von Stählen bei hohen Temperaturen: Teil I: Literaturbericht
1956, 48 Seiten, 26 Abb., 8 Tabellen, DM 10,70

HEFT 264
Prof. Dr. W. Weizel, Bonn
Durch schnelle Funkenzusammenbrüche ausgelöste Signale auf einer Leitung
1956, 26 Seiten, 4 Abb., 3 Tabellen, DM 6,10

HEFT 265
Prof. Dr. F. Micheel und Dr. R. Engel, Münster
Eine Apparatur zur elektrophoretischen Trennung von Stoffgemischen
1956, 38 Seiten, 21 Abb., DM 9,20

HEFT 266
Fliesen-Beratungsstelle Bad Godesberg-Mehlem
Güteeigenschaften keramischer Wand- und Bodenfliesen und deren Prüfmethoden
1956, 32 Seiten, DM 7,10

HEFT 267
Prof. Dr. W. Weizel und B. Brandt, Bonn
Zur Stabilität stromstarker Glimmentladungen
1956, 36 Seiten, 7 Abb., DM 8,40

WESTDEUTSCHER VERLAG · KÖLN UND OPLADEN

HEFT 268
Prof. Dr.-Ing. G. Vogelpohl, Göttingen
Über die Tragfähigkeit von Gleitlagern und ihre Berechnung
1956, 76 Seiten, 24 Abb., 7 Tabellen, DM 16,85

HEFT 269
Markscheider R. Bals, Bochum
Eignung des Gebirgsankerausbaus zur Erleichterung des Streckenvortriebs im Steinkohlenbergbau
1956, 84 Seiten, 41 Abb., DM 18,75

HEFT 270
Dr. H. Krebs und Mitarbeiter, Bonn
Die Trennung von Racematen auf chromatographischem Wege
1956, 62 Seiten, 18 Tabellen, DM 12,95

HEFT 271
Prof. Dr.-Ing. H. Opitz und Dipl.-Ing. H. Axer, Aachen
Beeinflussung des Verschleißverhaltens bei spanenden Werkzeugen durch flüssige und gasförmige Kühlmittel und elektrische Maßnahmen
1956, 46 Seiten, 28 Abb., DM 10,70

HEFT 272
Prof. Dr. W. Fuchs und Dr. H. Dresia, Aachen
Untersuchungen über die Schnellverbrennung und Schnellvergasung fester Brennstoffe
1956, 56 Seiten, 14 Abb., 3 Tabellen, DM 11,90

HEFT 273
Fa. K. W. Tacke G.m.b.H., Wuppertal-Barmen
Erfahrungen beim Verspinnen von Perlonfasern und bei der Herstellung von Trikotagen aus gesponnenem Perlon
1956, 36 Seiten, DM 7,90

HEFT 274
Prof. Dr.-Ing. K. Krekeler, Aachen
Qualitative Untersuchungen bei Verbindungsschweißungen mittels Lichtbogenschweißautomaten unter Verwendung von Blankdraht und Zugabe von ferromagnetischem Pulver als Umhüllung
1956, 68 Seiten, 40 Abb., 8 Tabellen, DM 15,45

HEFT 275
Prof. Dr.-Ing. habil. K. Krekeler, Aachen, und Dipl.-Ing. H. Verhoeven, Aachen
Quantitative Untersuchungen von Punktschweißverbindungen an Tiefzieh- und Aluminiumblechen, die nach dem Argonarc-Punktschweißverfahren hergestellt werden
1956, 64 Seiten, 45 Abb., DM 14,60

HEFT 276
Fa. E. Haage, Mülheim (Ruhr)
Entwicklungsarbeiten im Apparatebau für Laboratorien
1956, 48 Seiten, 18 Abb., DM 10,50

HEFT 277
Dr.-Ing. W. Müchler, Essen
Untersuchung und zahlenmäßige Bestimmung der Schneideigenschaften von Messern mit besonderer Berücksichtigung rostfreier Messerstähle
1956, 60 Seiten, 27 Abb., 5 Tabellen, DM 13,20

HEFT 278
Dipl.-Ing. J. Stelter und Dipl.-Ing. H. Kickert, Aachen
I. Sichtbarmachung von Ultraschallfeldern unter Verwendung photographischer Emulsionsschichten
II. Methode zur Bestimmung der wirklichen Temperaturverhältnisse in Flüssigkeiten während der Beschallung (Nach einer Diplom-Arbeit von H. Schnitzler)
1956, 54 Seiten, 24 Abb., DM 12,75

HEFT 279
Dr. F. Keune, Aachen
Der gewölbte und verwundene Tragflügel ohne Dicke in Schallnähe
1956, 42 Seiten, 15 Abb., DM 9,25

HEFT 280
Dipl.-Ing. J. Stelter und Dipl.-Ing. E. Pfende, Aachen
Über Störerscheinungen bei Schallgeschwindigkeitsmessungen mittels der Interferometermethode
1956, 44 Seiten, 13 Abb., DM 9,60

HEFT 281
Prof. Dr.-Ing. K. Lürenbaum, Aachen
Der Meßwagen des Instituts für Maschinen-Dynamik der Deutschen Versuchsanstalt für Luftfahrt, Aachen
1956, 34 Seiten, 17 Abb., DM 8,60

HEFT 282
Bergrat a. D. Scherer, Bochum
Das B. T.-Schwelverfahren und seine Anwendung auf der Anlage Marienau
1956, 44 Seiten, 7 Abb., DM 9,60

HEFT 283
Prof. Dr. F. Wever und Dr.-Ing. W. Lueg, Düsseldorf
Warmstauchversuche zur Ermittlung der Formänderungsfestigkeit von Gesenkschmiede-Stählen
1956, 44 Seiten, 19 Abb., DM 9,90

Heft 284
Prof. Dr. F. Wever, Düsseldorf, Dr.-Ing. H. J. Wiester, Essen, Dr.-Ing. F. W. Straßburg, Duisburg, Prof. Dr.-Ing. H. Opitz, Aachen, und Dr.-Ing. K. H. Fröhlich, Köln
Einfluß des Gefüges auf die Zerspanbarkeit von Einsatz- und Vergütungsstählen
1957, 88 Seiten, 126 Abb., 11 Tab., DM 22,45

HEFT 285
Prof. Dr.-Ing. O. Kienzle, Dr.-Ing. K. Lange, Hannover, und Dipl.-Ing. H. Meinert, Osterode
Einfluß der Oberfläche auf das Verschleißverhalten von Schmiedegesenken
1956, 62 Seiten, 29 Abb., 8 Tabellen, DM 14,60

HEFT 286
Dr.-Ing. K. Lange, Hannover, Dipl.-Ing. H. Meinert, Osterode, unter Mitarbeit von Dr.-Ing. H. Arend, Mülheim (Ruhr)
Verschleißverhalten hartverchromter Schmiedegesenke
1956, 74 Seiten, 53 Abb., 6 Tabellen, DM 17,65

HEFT 287
Prof. Dr.-Ing. habil. K. Krekeler, Aachen
Änderungen der mechanischen Eigenschaftswerte thermoplastischer Kunststoffe bei Beanspruchung in verschiedenen Medien
1956, 62 Seiten, 23 Abb., 5 Tabellen, DM 13,70

HEFT 288
Dr. K. Brücker-Steinkuhl, Düsseldorf
Anwendung mathematisch-statischer Verfahren in der Industrie
1956, 103 Seiten, 27 Abb., 14 Tabellen, DM 24,20

HEFT 289
Prof. Dr.-Ing. H. Winterhager, Aachen
Kombinierter Widerstands- und Lichtbogen-Vakuumofen zur Verarbeitung von Titanschwamm
Prof. Dr. Dr. h. c. R. Schwarz, Aachen
Erforschung neuer Wege zur Darstellung von Titanmetall
1957, 42 Seiten, 18 Abb., DM 9,70

HEFT 290
Dr. D. Horstmann, Düsseldorf
I. Der verstärkte Angriff des Zinks auf Eisen im Temperaturgebiet um 500° C
II. Einfluß eines Antimongehaltes auf den Angriff von Zinkschmelzen auf Eisen
1956, 48 Seiten, 33 Abb., 3 Tabellen, DM 11,90

HEFT 291
Dr.-Ing. H. J. Wiester und Dr. D. Horstmann, Düsseldorf
Der Angriffeisengesättigter Zinkschmelzen auf silizium- und manganhaltiges Eisen
1956, 52 Seiten, 45 Abb., 8 Tabellen, DM 12,60

HEFT 292
Dipl.-Ing. W. Rohs und Text.-Ing. H. Griese, Bielefeld
Webversuche an Leinenwebstühlen mit verbesserter Schaftbewegung
1956, 34 Seiten, 3 Abb., 2 Tabellen, DM 7,60

HEFT 293
Prof. J. W. Korte, unter Mitarbeit von Dipl.-Ing. P. A. Mäcke und Dipl.-Ing. W. Leutzbach, Aachen
Die Leistungsfähigkeit von Verkehrsanlagen des motorisierten städtischen Straßenverkehrs
1956, 98 Seiten, 35 Abb., 5 Tabellen, 1 Falttafel, DM 22,50

HEFT 294
Dipl.-Ing. B. Naendorf, Essen
Untersuchungen industrieller Gasbrenner
1956, 58 Seiten, 6 Abb., 3 Tabellen, DM 12,40

HEFT 295
Prof. Dr.-Ing. H. Opitz und Dipl.-Ing. H. Axer, Aachen
Untersuchung und Weiterentwicklung neuartiger elektrischer Bearbeitungsverfahren
1956, 42 Seiten, 27 Abb., DM 10,30

HEFT 296
Prof. Dr.-Ing. H. Opitz, Aachen
I. Untersuchungen an elektronischen Regelantrieben
II. Statische Untersuchungen zur Ausnutzung von Drehbänken
1956, 46 Seiten, 18 Abb., DM 10,40

HEFT 297
Dr. K. Schaarwächter, Düsseldorf
Die Reduktion von Siliziumtetrachlorid im Lichtbogen zur nachfolgenden Silizierung von Eisenblechen
in Vorbereitung

HEFT 298
Prof. Dr.-Ing. E. Oehler, Aachen
Untersuchung von kritischen Drehzahlen, die durch Kreiselmomente verursacht werden
1956, 50 Seiten, 35 Abb., DM 13,15

HEFT 299
Dr. J. Fassbender und W. Hoppe, Bonn
Eine photoelektrische Nachlaufeinrichtung für Analogie-Rechenmaschinen
1956, 20 Seiten, 8 Abb., DM 7,65

HEFT 300
Prof. Dr. E. Schütz und Privatdozent Dr. H. Caspers, Münster
Tierexperimentelle Untersuchungen über die Alkoholwirkungen auf Erregbarkeit und bioelektrische Spontanaktivität der Hirnrinde
1956, 44 Seiten, 6 Abb., 1 Tabelle, DM 9,55

HEFT 301
Prof. Dr. W. Weltzien, Dr. G. Cossmann und P. Diehl, Krefeld
Über die fraktionierte Füllung von Polyamiden (II)
1956, 54 Seiten, 1 Abb., 16 Tabellen, DM 11,30

HEFT 302
Prof. Dr.-Ing. W. Wegener und Dipl.-Ing. W. Zahn, Aachen
Untersuchungen von gesponnenen Garnen auf ihre Gleichmäßigkeit nach verschiedenen Meßmethoden
1957, 58 Seiten, 34 Abb., DM 15,20

HEFT 303
Prof. Dr. Ing. S. Kiesskalt, Aachen
Das Institut der Forschungsgesellschaft Verfahrenstechnik e. V. an der Technischen Hochschule Aachen
1956, 76 Seiten, 20 Abb., 3 Tabellen, DM 16,40

HEFT 304
Prof. Dr.-Ing. K. Krekeler, Düsseldorf, und Dipl.-Ing. A. Kleine-Albers, Aachen
Beitrag zur thermoelastischen Warmformbarkeit von Hart-PVC
1957, 72 Seiten, 29 Abb., DM 17,70

HEFT 305
Prof. Dr.-Ing. K. Krekeler, Düsseldorf, Dr.-Ing. H. Peukert, Aachen, und Dipl.-Ing. W. Schmitz, Siegburg
Heißgas-Schweißung von Hart-Polyvinylchlorid mit Zusatzwerkstoff
1956, 44 Seiten, 27 Abb., 5 Tabellen, DM 12,50

HEFT 306
Prof. Dr. B. Rensch, Münster
Elektrophysiologische Untersuchungen zur Analysierung der Bildung von Assoziationen und Gedächtnisspuren in Gehirn und Rückenmark
Prof. Dr. A. Loeser, Münster
Akute und chronische Giftwirkungen sauerstoffhaltiger Lösungsmittel
1956, 36 Seiten, 9 Abb., DM 8,90

HEFT 307
Privatdozent Dr. J. Juilfs, Krefeld
Vergleichende Untersuchungen zur elastischen und bleibenden Dehnung von Fasern
1956, 36 Seiten, 11 Abb., DM 8,30

HEFT 308
Privatdozent Dr. J. Juilfs, Krefeld
Zur Messung der Fadenglätte
1956, 22 Seiten, 10 Abb., 2 Tabellen, DM 8,—

HEFT 309
Prof. Dr. K. Cruse und Mitarbeiter, Clausthal-Zellerfeld
Aufbau und Arbeitsweise eines universell verwendbaren Hochfrequenz-Titrationsgerätes
1957, 48 Seiten, 29 Abb., DM 11,90

HEFT 310
Dr. P. F. Müller, Bonn
Die Integrieranlage des Rheinisch-Westfälischen Instituts für Instrumentelle Mathematik in Bonn
1956, 62 Seiten, 6 Abb., 30 Satzskizzen, DM 14,45

HEFT 311
Prof. Dr. F. Wever und Dr. M. Hempel, Düsseldorf
Dauerschwingfestigkeit von Stählen bei erhöhten Temperaturen
Teil I: Erkenntnisse aus bisherigen Dauerschwingversuchen in der Wärme
1956, 48 Seiten, 19 Abb., 2 Tabellen, DM 10,90

HEFT 312
Prof. Dr. F. Wever und Dr. M. Hempel, Düsseldorf
Dauerschwingfestigkeit von Stählen bei erhöhten Temperaturen
Teil II: Zug-Druck-Dauerschwingversuche an zwei warmfesten Stählen bei Temperaturen von 500 bis 650°
1956, 48 Seiten, 20 Abb., 3 Tabellen, DM 11,80

WESTDEUTSCHER VERLAG · KÖLN UND OPLADEN

HEFT 313
Prof. Dr. F. Wever, Dr. W. Koch und
Dipl.-Phys. H. Rohde, Düsseldorf
Änderungen des Habitus und der Gitterkonstanten des Zementits in Chromstählen bei verschiedenen Wärmebehandlungen
1956, 88 Seiten, 29 Abb., 8 Tabellen, DM 20,90

HEFT 314
Prof. Dr. F. Wever, Dr.-Ing. A. Krisch, Düsseldorf, und Dr.-Ing. H.-J. Wiester, Essen
Veränderungen im Gefügeaufbau von Chrom-Nickel-Molybdän-Stählen bei langzeitiger Beanspruchung im Zeitstandversuch bei 500°
1956, 48 Seiten, 26 Abb., 5 Tabellen, DM 11,70

HEFT 315
Prof. Dr. F. Wever und Dr.-Ing. A. Krisch, Düsseldorf
Metallkundliche Untersuchungen an Zeitstandproben
1956, 38 Seiten, 12 Abb., DM 9,15

HEFT 316
Dr. F. Keune, Aachen
Zusammenfassende Darstellung und Erweiterung des Aequivalenzsatzes für schallnahe Strömung
1956, 80 Seiten, 22 Abb., DM 17,90

HEFT 317
Dr.-Ing. J. Stelter, Aachen
Mikrobiologische Ultraschallwirkungen
1957, 106 Seiten, 41 Abb., 12 Tab., DM 23,90

HEFT 318
Dipl.-Ing. H. Kickert, Aachen
Über die Ausbreitung von Ultraschall in Luft
in Vorbereitung

HEFT 319
Prof. Dr. C. Kröger, Aachen
Gemengereaktionen und Glasschmelze
1957, 118 Seiten, 53 Abb., 16 Tab., DM 26,—

HEFT 320
Dr. H.-E. Caspary, Köln
Verwendung von Szintillationszählern an Stelle von Zählrohren zur zerstörungsfreien Materialprüfung
1956, 42 Seiten, 13 Abb., 2 Tabellen, DM 10,10

HEFT 321
Prof. Dr. F. Wever, Düsseldorf, und
Dr. W. Wepner, Köln
Gleichzeitige Bestimmung kleiner Kohlenstoff- und Stickstoffgehalte im a-Eisen durch Dämpfungsmessung
1956, 30 Seiten, 3 Abb., 4 Tabellen, DM 6,80

HEFT 322
Prof. Dr.-Ing. F. Bollenrath und
Dipl.-Ing. W. Domke, Aachen
Eigenspannungen in vergüteten, dickwandigen Stahlzylindern nach Oberflächenhärtung mit induktiver Erwärmung
1956, 30 Seiten, 9 Abb., 2 Tabellen, DM 6,90

HEFT 323
Prof. Dr. R. Seyffert, Köln
Wege und Kosten der Distribution der Textilien, Schuh- und Lederwaren
1956, 98 Seiten, 37 Tabellen, 1 Falttaf., DM 12,—

HEFT 324
Prof. Dr.-Ing. H. Opitz, Dr.-Ing. E. Saljé und
Dipl.-Ing. K. E. Schwartz, Aachen
Richtwerte für das Außenrund-Längs- und Einstechschleifen
1956, 62 Seiten, 44 Abb., 2 Tabellen, DM 13,85

HEFT 325
Prof. Dr. E. Schratz, Münster
Pharmakognostische Untersuchungen am Medizinal-Rhabarber
in Vorbereitung

HEFT 326
Prof. Dr.-Ing. E. Essers und Mitarbeiter, Aachen
Deichselkräfte an Lastzügen
in Vorbereitung

HEFT 327
Prof. Dr.-Ing. habil. K. Krekeler und
Dr.-Ing. H. Peukert, Aachen
Beitrag zur thermoelastischen Formbarkeit von Polyäthylen
1956, 56 Seiten, 49 Abb., 9 Tabellen, DM 12,80

HEFT 328
Dr. H. Maeder, Belo Horizonte
Schweißen von Temperguß
in Vorbereitung

HEFT 329
Dipl.-Ing. A. Krüger, Karlsruhe, und Feuerwehr-Ing. R. Radusch, Dortmund
Wasserzerstäubung im Strahlrohr
1956, 86 Seiten, 21 Abb., 3 Tabellen, DM 18,65

HEFT 330
Dipl.-Physiker E. Pepping, Aachen
Die Durchflußzahl des Rechteckschlitzes in einer sehr großen Wand
1957, 54 Seiten, 21 Abb., DM 12,35

HEFT 331
Dipl.-Ing. G. Bretschneider, Ruit
Die Messung der wiederkehrenden Spannung mit Hilfe des Netzmodelles
1957, 46 Seiten, 21 Abb., 2 Tab., DM 11,20

HEFT 332
Prof. Dr.-Ing. R. Jaeckel und Dr. G. Reich, Bonn
Messung von Dampfdrucken im Gebiet unter 10^{-2} Torr
1956, 42 Seiten, 16 Abb., 2 Tabellen, DM 10,40

HEFT 333
Prof. Dipl.-Ing. W. Sturtzel und
Dr.-Ing. W. Graff, Duisburg
I. Der Flachwassereinfluß auf den Form- und Reibungswiderstand von Binnenschiffen
II. Der Flachwassereinfluß auf die Nachstrom- und Sogverhältnisse bei Binnenschiffen
1956, 44 Seiten, 14 Abb., DM 9,80

HEFT 334
Prof. Dr. W. Weizel und Dr. G. Meister, Bonn
Spektralanalyse durch Messung des Interferenz-Kontrastes
1956, 42 Seiten, DM 9,80

HEFT 335
Prof. Dr. W. Weizel und H. Hornberg, Bonn
Untersuchungen der anodischen Teile einer Glimmentladung
1957, 62 Seiten, 14 Farbabb., 21 Abb., 1 Tab., DM 32,80

HEFT 336
Dr. Tung-ping Yao, Aachen
Die Viskosität metallischer Schmelzen
1957, 64 Seiten, 28 Abb., 2 Tab., DM 14,40

HEFT 337
Dr. R. Hoeppener und Dr. W. Bierther, Bonn
Tektonik und Lagestätten im Rheinischen Schiefergebirge
in Vorbereitung

HEFT 338
Prof. Dr.-Ing. W. Wegener, Aachen, und
Dipl.-Ing. J. Schneider, M.-Gladbach
Die Bedeutung der Knotenart für die Herabminderung der Fadenbrüche
1957, 40 Seiten, 6 Abb., DM 9,80

HEFT 339
Prof. Dr.-Ing. W. Wegener und
Dipl.-Ing. W. Zahn, Aachen
Vergleich des normalen mit verschiedenen abgekürzten Baumwollspinnverfahren in bezug auf Gleichmäßigkeit und Sortierungsstreuung der Garne
1956, 56 Seiten, 17 Abb., 17 Tabellen, DM 12,70

HEFT 340
Dipl.-Ing. W. Rohs und Dipl.-Ing. R. Otto, Bielefeld
Das Naßspinnen von Bastfasergarnen mit Spinnbadzusätzen unter Ausnutzung einer zentralen Spinnwasserversorgungsanlage
1956, 56 Seiten, 2 Abb., 6 Tabellen, DM 11,60

HEFT 341
Prof. Dr.-Ing. H. Winterhager und Dipl.-Ing. L. Werner, Aachen
Präzisions-Meßverfahren zur Bestimmung des elektrischen Leitvermögens geschmolzener Salze
1956, 44 Seiten, 19 Abb., 1 Tabelle, DM 10,60

HEFT 342
Prof. Dr.-Ing. H. Winterhager und Dipl.-Ing. W. Barthel, Aachen
Die Gewinnung von Titanschlackenkonzentraten aus eisenreichen Ilmeniten
1957, 60 Seiten, 30 Abb., 6 Tab., DM 13,30

HEFT 343
Prof. Dr.-Ing. W. Petersen, Aachen, und Dipl.-Ing. S. Wawroschek, Aachen
Die zweckmäßigsten Gütebestimmungsverfahren und Brikettierungsbedingungen bei der Erzeugung von Braunkohlen-Eisenerz-Briketts
1956, 64 Seiten, 28 Abb., DM 13,95

HEFT 344
Prof. Dr.-Ing. W. Fucks, Aachen
Zur Deutung einfachster mathematischer Sprachcharakteristiken
1956, 38 Seiten, 12 Abb., DM 7,80

HEFT 345
Dipl.-Ing. G. Cerbe und Dipl.-Ing. H. Monstadt, Essen
Konvektive Trocknung mit gasbeheizter Luft und Trocknung durch Gasstrahler
1957, 46 Seiten, 16 Abb., DM 10,40

HEFT 346
Dipl.-Ing. O. Arnold, Aachen
Erfahrungen mit Kernbohrungen zur Lagerstättenuntersuchung im Erzbergbau
1957, 36 Seiten, 2 Abb., 3 Falttaf. 6 Tab., DM 8,80

HEFT 347
S. Ruff, F. Kipp, H. Hansteen und G. Müller, Bonn
Untersuchungen zur Frage der Gehörschädigungen des fliegenden Personals der Propellerflugzeuge
1957, 50 Seiten, 27 Abb., 3 Tab., DM 11,10

HEFT 348
Prof. Dr.-Ing. E. Piwowarsky
und Dr.-Ing. E. G. Nickel, Aachen
Metallurgie eines hochwertigen Gußeisens mit kompakter bis kugelförmiger Graphitausbildung
1957, 54 Seiten, 27 Abb., 5 Tab., DM 13,30

HEFT 349
Dr.-Ing. W. A. Fischer, Dr.-Ing. H. Treppschuh
und Dr.-Ing. K. H. Köthemann, Düsseldorf
Tiegel aus Schmelzmagnesia für Vakuuminduktionsöfen
1957, 34 Seiten, 14 Abb. DM 8,40

HEFT 350
Prof. Dr.-Ing. habil. K. Krekeler
und Dipl.-Ing. H. Peukert, Aachen
Das Spannungsverhalten der Kunststoffe bei der Verarbeitung
in Vorbereitung

HEFT 351
Prof. Dr.-Ing. H. Opitz, Dipl.-Ing. H. Axer und
Dipl.-Ing. H. Rhode, Aachen
Zerspanbarkeit hochwarmfester und nichtrostender Stähle. Teil I
1957, 96 Seiten, 73 Abb., 2 Tab., DM 21,80

HEFT 352
Dipl.-Ing. H. Fauser, Aachen
Fahrdynamik und Batterie-Arbeitsverbrauch von Akkumulatorenlokomotiven im Untertagebetrieb
in Vorbereitung

HEFT 353
Forschungsinstitut für Rationalisierung, Aachen
Schlagwortregister zur Rationalisierung
1957, 376 S., DM 56,—

HEFT 354
Dipl.-Ing. D. Wagener, Aachen
Auswirkungen neuer Gaserzeugungs-Verfahren unter Berücksichtigung der Auswirkung auf den Kokereibetrieb
in Vorbereitung

HEFT 355
Prof. Dr.-Ing. habil. K. Krekeler, Dr.-Ing. H. Peukert und Dipl.-Ing. A. Kleine-Albers, Aachen
Heißgas-Schweißung von Weich-Polyvinylchlorid mit Zusatzwerkstoff
in Vorbereitung

HEFT 356
Dipl.-Phys. G. Gurke, Aachen
Aufbau einer Meßanlage für Untersuchungen elektrischer Gasentladung im Bereiche großer p. d.-Werte
1956, 38 Seiten, 13 Abb., DM 8,65

HEFT 357
Prof. Dr.-Ing. W. Fucks, Aachen
Mathematische Analyse der Formalstruktur von Musik
in Vorbereitung

HEFT 358
Prof. Dr. rer. nat. W. Weltzien, Dipl.-Chem. P. Ringel und Text.-Ing. H. Kirchhoff, Krefeld
Die Waschechtheit von Färbungen. Vergleichende Untersuchungen auf dem Gebiete der Echtheitsprüfung
in Vorbereitung

HEFT 359
Dr.-Ing. F. J. Meister, Düsseldorf
Veränderung der Hörschärfe, Lautheitsempfindung und Sprachaufnahme während des Arbeitsprozesses bei Lärmarbeiten
1957, 84 Seiten, 11 Abb., 1 Tab., 40 Audiogramme, 40 Tab., DM 19,90

HEFT 360
Dr.-Ing. E. Barz, Remscheid
Fertigungsverfahren und Spannungsverlauf bei Kreissägeblättern für Holz
1957, 72 Seiten, 40 Abb., DM 17,—

HEFT 361
Dipl.-Ing. H. F. Klein, Aachen
Die nichtstationären Strömungsvorgänge und der Wärmeübergang in einem Schwingfeuergerät
in Vorbereitung

HEFT 362
Prof. Dr. med. G. Lehmann und Dipl.-Phys.
D. Dieckmann, Dortmund
Die Wirkung mechanischer Schwingungen (0,5 bis 100 Hertz) auf den Menschen
1957, 100 Seiten, 53 Abb., 6 Tab., DM 22,50

WESTDEUTSCHER VERLAG · KÖLN UND OPLADEN

HEFT 363
Dr.-Ing. U. Domm, Frankenthal (Pfalz)
Über eine Hypothese, die den Mechanismus der Turbulenz-Entstehung betrifft
1956, 28 Seiten, 4 Abb., DM 6,45

HEFT 364
Prof. Dr. Th. Beste, Köln
Die Mehrkosten bei der Herstellung ungängiger Erzeugnisse im Vergleich zur Herstellung vereinheitlichter Erzeugnisse
in Vorbereitung

HEFT 365
Sozialforschungsstelle an der Universität Münster, Dortmund
Standort und Wohnort
in Vorbereitung

HEFT 366
Versuchsanstalt für Binnenschiffbau e. V., Duisburg
Bei Flachwasserfahrten durch die Strömungsverteilung am Boden und an den Seiten stattfindende Beeinflussung des Reibungswiderstandes von Schiffen
1957, 96 Seiten, 39 Abb., 28 Tab., DM 20,40

HEFT 367
Dr. rer. nat. D. Horstmann, Düsseldorf
Der Angriff eisengesättigter Zinkschmelzen auf kohlenstoff-, schwefel- und phosphorhaltiges Eisen
1957, 52 Seiten, 22 Abb., 6 Tab., DM 12,85

HEFT 368
Prof. Dr. phil. H. Kaiser, Dortmund
Entwicklung betriebsmäßiger spektrochemischer Analysenverfahren für technische Gläser
1957, 40 Seiten, 11 Abb., DM 9,10

HEFT 369
Prof. Dr.-Ing. R. Jaeckel und Dipl.-Phys. F. J. Schittko, Bonn
Gasabgabe von Werkstoffen ins Vakuum
in Vorbereitung

HEFT 370
Dr. phil. habil. F. Schwarz, Köln
Physikochemische Grundlagen der Bildsamkeit von Kalken unter Einbeziehung des Begriffes der aktiven Oberfläche
in Vorbereitung

HEFT 371
Dr. phil. W. Lejeune, Köln
Beitrag zur statistischen Verifikation der Minderheiten-Theorie
in Vorbereitung

HEFT 372
Prof. Dr. phil. M. von Stackelberg, Bonn
Untersuchungen zur Ausarbeitung und Verbesserung von polarographischen Analysenmethoden. 2. Bericht
1957, 44 Seiten, 9 Abb., 7 Tab., DM 10,10

HEFT 373
Dipl.-Ing. H. J. Koch, Essen
Druckgasfeuerung — ein Verfahren zum Betrieb von Gasfeuerstätten
1957, 38 Seiten, 8 Abb., 10 Tab., DM 8,50

HEFT 374
Dr. E. Paproth, Krefeld
Paläontologische Bearbeitung der in den devonischen Schichten des Siegerlandes enthaltenen Faunen
1957, 38 Seiten, 3 Tab., DM 8,30

HEFT 375
Technischer Überwachungsverein e. V., Essen
Wanddickenmessungen mittels radioaktiver Strahlen und Zählrohrgerät
in Vorbereitung

HEFT 376
Technischer Überwachungsverein e. V., Essen
Wasserumlaufprobleme an Hochdruckkesseln
in Vorbereitung

HEFT 377
Technischer Überwachungsverein e. V., Essen
Versuche an Wanderrostkesseln mit befeuchteter Verbrennungsluft
in Vorbereitung

HEFT 378
Oberingenieur H. Stein, M.-Gladbach
Beobachtung und maßtechnische Erfassung der Vorgänge im Spinn- und Aufwindefeld von Ringspinn- und Ringzwirnmaschinen
in Vorbereitung

HEFT 379
Laboratorium für textile Meßtechnik, M.-Gladbach
Schußfadenspannung beim Weben
in Vorbereitung

HEFT 380
Dipl.-Phys. R. Trappenberg, Karlsruhe
Theoretische und experimentelle Untersuchungen zur Staubverteilung einer Rauchfahne
in Vorbereitung

HEFT 381
Dr. J. Juils, Krefeld
Zur Dichtebestimmung von Fasern. Methoden und Beispiele der praktischen Anwendung
in Vorbereitung

HEFT 382
Dr. phil. habil. P. Hölemann, Ing. R. Hasselmann und Ing. G. Dix, Dortmund
Die Messung von Flammen und Detonationsgeschwindigkeiten bei der explosiven Zersetzung von Acetylen in Rohren
1957, 36 Seiten, 7 Abb., 4 Tab., DM 8,10

HEFT 383
Dr. phil. habil. P. Hölemann und Ing. R. Hasselmann, Dortmund
Verlauf von Azetylenexplosionen in Rohren bei Gegenwart von porösen Massen
in Vorbereitung

HEFT 384
Prof. Dr.-Ing. H. Opitz, Aachen
Schwingungsuntersuchungen an Werkzeugmaschinen
in Vorbereitung

HEFT 385
Prof. Dr.-Ing. H. Opitz, Aachen
Zerspanbarkeit hochwarmfester und nichtrostender Stähle. Teil II
in Vorbereitung

HEFT 386
Prof. Dr.-Ing. H. Opitz, Aachen
Standzeituntersuchungen und Verschleißmessungen mit radioaktiven Isotopen
in Vorbereitung

HEFT 387
Prof. Dr. med. W. Kikuth und Dozent Dr. med. L. Grün, Düsseldorf
Die Verhütung von Infektion durch Desinfektion des Raumes und der Raumluft
in Vorbereitung

HEFT 388
Prof. Dr. rer. nat. habil. W. Baumeister und Dr. rer. nat. H. Burghardt, Münster
Die Bedeutung der Elemente Zink und Fluor für das Pflanzenwachstum
1957, 48 Seiten, 17 Tab. DM 10,20

HEFT 389
Prof. Dr.-Ing. habil. H. Fink und K. W. Hoppenhaus, Köln
Die biologische Eiweiß-Synthese von höheren und niederen Pilzen und die alimentäre Lebernekrose der Ratte
1957, 76 Seiten, 2 Abb., 24 Tab., DM 15,60

HEFT 390
Dr.-Ing. J. Endres und Dr.-Ing. G. Hiebel, München
Berechnung der optimalen Leistungen, Kraftstoffverbräuche und Wirkungsgrade von Luftfahrt-Gasturbinen-Triebwerken am Boden und in der Höhe bei Fluggeschwindigkeiten von 0—2000 km/h und bei vorgegebenen Düsenausströmgeschwindigkeiten
in Vorbereitung

HEFT 391
Prof. Dr. phil. F. Wever, Dr. phil. W. Koch und Dipl.-Chem. F. Stricker, Düsseldorf
Die quantitative spektrographische Analyse von Gasgemischen aus Kohlenmonoxyd, Wasserstoff und Stickstoff
in Vorbereitung

HEFT 392
Prof. Dr. phil. F. Wever u. a., Düsseldorf
Untersuchungen über den Konverterrauch im Hinblick auf die spektrale Überwachung des Thomasprozesses
in Vorbereitung

HEFT 393
Dr.-Ing. O. Viertel und S. Brückner-Lucas, Krefeld
Arbeitszeitstudien an Haushaltwaschmaschinen
in Vorbereitung

HEFT 394
Privatdozent Dr. med. W. Koch, Münster
Die Ablagerung radioaktiver Substanzen im Knochen
in Vorbereitung

HEFT 395
Dipl.-Ing. L. Hahn, Clausthal-Zellerfeld
Untersuchungen zur Frage des optimalen Bohrloch- und Patronendurchmessers
in Vorbereitung

HEFT 396
Prof. Dr.-Ing. F. Schultz-Grunow, Dr.-Ing. A. Jogerich, Essen, Dipl.-Ing. H. Meyer, cand. ing. P. Sand, Aachen
Untersuchungen des Luftwiderstandes von Güterwagen
in Vorbereitung

HEFT 397
Techn.-Wissenschaftliches Büro für die Bastfaserindustrie, Bielefeld
Ungleichmäßigkeiten in Bändern von Bastfaserkarden, ihre Ursachen und Auswirkungen
in Vorbereitung

HEFT 398
Prof. Dr. habil. H. E. Schwiete, Aachen, u. a.
Einlagerungsversuche an synthetischem Mullit I. — Die Zusammensetzung der Schmelzphase in Schamottesteinen I
in Vorbereitung

HEFT 399
Prof. Dr. habil. H. E. Schwiete und Dr.-Ing. R. Vinkeloe, Aachen
Möglichkeiten der quantitativen Mineralanalyse mit dem Zählrohrgerät unter besonderer Berücksichtigung der Mineralgehaltsbestimmung von Tonen
in Vorbereitung

HEFT 400
Prof. Dr. phil. W. Fuchs und Dipl.-Chem. H. Weyerstrass, Aachen
Entwicklung eines Heißfilters zur Reinigung von Gichtgas eines mit Kohle betriebenen Niederschachtofens
in Vorbereitung

HEFT 401
Prof. Dr.-Ing. M. Lipp und Dipl.-Chem. G. Frielingsdorf, Aachen
Darstellung reaktionsfähiger Verbindungen des Camphansystems und Versuche zu deren Fluorierung
1957, 84 Seiten, DM 17,—

HEFT 402
Prof. Dr. W. Linke, Aachen
Die Wärmeübertragung durch Thermopane-Fenster
in Vorbereitung

HEFT 403
Prof. Dr.-Ing. P. Denzel und Dipl.-Ing. W. Cremer, Aachen
Verbesserung der Benutzungsdauer der Höchstlast in ländlichen Netzen durch Anwendung elektrischer Geräte in der Landwirtschaft
in Vorbereitung

HEFT 404
Prof. Dr. R. Jaeckel und Dipl.-Phys. F. Gross, Bonn
Die Löslichkeit von Gasen in schwerflüchtigen organischen Flüssigkeiten
in Vorbereitung

HEFT 405
Prof. Dr.-Ing. H. Opitz und Dipl.-Ing. H. Schuler, Aachen
Untersuchungen für einen Wirtschaftlichkeitsvergleich der Feinbearbeitungsverfahren
in Vorbereitung

HEFT 406
W. Kirsch, Remscheid
Entwicklungsarbeiten auf dem Gebiete des Korrosionsschutzes
in Vorbereitung

HEFT 407
Prof. Dr.-Ing. H. Schenck, Aachen, und Dr.-Ing. W. Wenzel, Bad Godesberg
Entwicklungsarbeiten auf dem Gebiete der Verhüttung von Erzstaub in Schmelzkammern
in Vorbereitung

HEFT 408
Prof. Dr. phil. F. Wever, Dr.-Ing. W. Lueg und Dr.-Ing. H. G. Müller, Düsseldorf
Kraft- und Arbeitsbedarf beim Warmscheren von Stahl in Abhängigkeit von Temperatur und Schnittgeschwindigkeit
in Vorbereitung

HEFT 409
Prof. Dr. phil. F. Wever, Dr. phil. W. Koch, Dr. rer. nat. Ch. Ilschner-Gensch und Dipl.-Phys. H. Rohde, Düsseldorf
Das Auftreten eines kubischen Nitrids in aluminiumlegierten Stählen
in Vorbereitung

HEFT 410
Prof. Dr. phil. F. Wever, Prof. Dr. rer. techn. A. Kochendörfer, Dr. phil. nat. M. Hempel, Düsseldorf und Dipl.-Phys. E. Hillenhagen, Köln
Biegewechselversuche mit Flachproben aus Alpha-Eisen-Einkristallen zur Bestimmung der Wechselfestigkeit und der Gleitspuren
in Vorbereitung

HEFT 411
Prof. Dr. W. Halbsguth und Dr. L. Sommer, Franfurt/M.
Grundlegende Versuche zur Keimungsphysiologie von Pilzsporen
in Vorbereitung

HEFT 412
Prof. Dr.-Ing. H. Opitz, Aachen
Kennwerte und Leistungsbedarf für Werkzeugmaschinengetriebe
in Vorbereitung

HEFT 413
Prof. Dr.-Ing. H. Opitz, Aachen
Richtwerte für das Fräsen von unlegierten und legierten Baustählen mit Hartmetall, Teil II
in Vorbereitung

HEFT 414
Dr. med. H. K. Parchwitz und Dr. med. C. Winkler, Bonn
Speicherung organischer Farbstoffe und künstlich radioaktiver Substanzen in Geschwülsten
in Vorbereitung

HEFT 415
Prof. Dr.-Ing. W. Paul, Dr. rer. nat. O. Osberghaus und Dipl.-Phys. E. Fischer, Bonn
Ein Ionenkäfig
in Vorbereitung

HEFT 416
Oberreg.-Gewerberat Dipl.-Ing. G. Steinicke, Hamburg
Die Wirkung von Lärm auf den Schlaf des Menschen
in Vorbereitung

HEFT 417
Prof. Dr.-Ing. habil. E. Rößger, Berlin
I. Teil: Die Entwicklung des Weltluftverkehrs, Ergänzungsbericht 1954
II. Teil: Die zivile Luftfahrtpolitik der USA
1957, 230 Seiten, 6 Abb., 83 Tab., DM 48,—

HEFT 418
O. Gdaniec, Mülheim/Ruhr
Über die Randlochkarte als Hilfsmittel in der Dokumentation
1957, 44 Seiten, 15 Abb., 8 Tab., DM 10,10

HEFT 419
K. Brooks
Die Messungen der Reflexionseigenschaften künstlicher und natürlicher Materialien mit quasi-optischen Methoden bei Mikrowellen
in Vorbereitung

HEFT 420
M. Vogel
Das Spektralgebiet zwischen dem langwelligen Ultrarot und Mikrowellen
in Vorbereitung

HEFT 421
ORR Dipl.-Volkswirt Dr. H. Rogmann, Düsseldorf
Die Erforschung der Verkehrskonjunktur und der langzeitigen Dynamik in der Verkehrswirtschaft (Zusammenfassung der eingegangenen Stellungnahmen und Vorschläge)
1957, 168 Seiten, 3 Tab., DM 26,60

HEFT 422
Prof. Dr.-Ing. K. Leist und Dipl.-Ing. W. Dettmering, Aachen
Prüfstände zur Messung der Druckverteilung an rotierenden Schaufeln
in Vorbereitung

HEFT 423
Prof. Dr.-Ing. K. Leist und Dipl.-Ing. O. Thun, Aachen
Strömungsmessungen über Brennkammer-Wirkungsgrade
in Vorbereitung

HEFT 424
Prof. Dr.-Ing. K. Leist und Dipl.-Ing. I. Weber, Aachen
Spannungsoptische Untersuchungen von rotierenden Scheiben mit exzentrischen Bohrungen
in Vorbereitung

HEFT 425
Dipl.-Ing. H. Lübke, Hamburg
Gasturbinen und Strahlantriebe für Hubschrauber
in Vorbereitung

HEFT 426
Prof. Dr.-Ing. H. Opitz und Dipl.-Ing. W. Scholz, Aachen
Untersuchungen über den Räumvorgang
1957, 74 Seiten, 36 Abb., 7 Tab., DM 16,55

HEFT 427
Dr.-Ing. J. Endres, München
Kinematische Untersuchung eines Zweitakt-Hochleistungs-Dieseltriebwerks mit achsparallelen Zylindern und gegenläufigen Kolben
in Vorbereitung

HEFT 428
Dr.-Ing. J. Endres, München
Untersuchungen der Beschleunigungsverhältnisse eines Zweitakt-Hochleistungs-Dieseltriebwerks mit achsparallelen Zylindern und gegenläufigen Kolben
in Vorbereitung

HEFT 429
Prof. Dr. O. Kuhn, Köln
Selektive Wirkung verschiedener Stoffgruppen auf tierische Gewebe
1957, 54 Seiten, 32 Abb., DM 13,15

HEFT 430
Prof. Dr. G. Garbotz, Aachen und Dr.-Ing. G. Dress, Cadiz
Untersuchungen über das Kräftespiel an Flachbagger-Schneidwerkzeugen in Mittelsand und schwach bindigem, sandigem Schluff unter besonderer Berücksichtigung der Planierschilde und ebenen Schürfkübelschneiden
in Vorbereitung

HEFT 431
Prof. Dr.-Ing. H. Winterhager, Dr.-Ing. R. Kammel und Dipl.-Ing. W. Barthel, Aachen
Fortschritte auf dem Gebiet der Titanmetallurgie 1950—1955
in Vorbereitung

HEFT 432
Dipl.-Phys. R. Werz, Bonn
Die Entwicklung einer Synchrozyklotron-Ionenquelle
in Vorbereitung

HEFT 433
Dr.-Ing. G. Satlow, Aachen
Über einige physikalische und chemische Eigenschaften der Wolle von der gewaschenen Wolle bis zum Kammzug
1957, 72 Seiten, 15 Abb., 19 Tab., DM 15,25

HEFT 434
Dipl.-Ing. W. Rohs und Dr. J. Geurten, Bielefeld
Schlichten für Baumwollgarne
in Vorbereitung

HEFT 435
Dipl.-Ing. W. Rohs und Dipl.-Ing. L. Steinmetz, Bielefeld
Die Masseungleichmäßigkeit von Flachstreckenbändern in Abhängigkeit von Verzug und Dopplung
in Vorbereitung

HEFT 436
Priv.-Doz. Dr. habil. J. Juilfs, Krefeld
Zur Bestimmung der Reißlast (Zugfestigkeit) von Fasern, Fäden und Garnen
in Vorbereitung

HEFT 437
Prof. Dr. G. Schmölders und Dr. I. Meyer, Köln
Geldwertbewußtsein und Münzpolitik. — Das sogenannte Gresham'sche Gesetz im Lichte der ökonomischen Verhaltensforschung
in Vorbereitung

HEFT 438
Prof. Dr.-Ing. H. Winterhager und Dr.-Ing. L. Werner, Aachen
Bestimmung des elektrischen Leitvermögens geschmolzener Fluoride
in Vorbereitung

HEFT 439
Prof. Dr. phil. H. Lange, Köln und Dr. rer. nat. R. Kohlhaas, Neuß/Rh.
Anwendung der thermomagnetischen Analyse zum Studium des Umwandlungsverhaltens von Eisenwerkstoffen im Temperaturbereich von —150° C bis +150°C
in Vorbereitung

HEFT 440
Dr.-Ing. H. Wolf, Aachen
Gekoppelte Hochfrequenzleitungen als Richtkoppler
in Vorbereitung

HEFT 441
Dr. phil. habil. P. Hölemann und Ing. R. Hasselmann, Düsseldorf
Messung des Temperatur- und Druckverlaufes beim Füllen und Entspannen von Dissousgas
1957, 52 Seiten, 6 Abb., 7 Tab., DM 11,25

HEFT 442
Dipl.-Ing. W. Rohs, Text.-Ing. Griese und Text.-Ing. W. Lauer, Bielefeld
Die Auswirkungen der Trocknungsart naßgesponnener Leinengarne auf deren Verarbeitungswirkungsgrad sowie auf die Festigkeits- und Dehnungseigenschaften der Garne und Gewebe
1957, 28 Seiten, 2 Abb., 3 Tab., DM 6,50

HEFT 443
Prof. Dr. phil. W. Weizel und K. Kluth, Bonn
Über die Struktur der positiven Gleitentladungen
in Vorbereitung

HEFT 444
Dr.-Ing. W. Wilhelm, Aachen
Einfluß der Saugrohrabmessung, der Einlaßsteuerlage und der Größe des Kurbelkastenvolumens auf den Ladungswechsel eines Einzylinder-Zweitakt-Dieselmotors
in Vorbereitung

HEFT 445
Dr.-Ing. E. Barz, Remscheid
Fertigungs- und Prüfverfahren für Feilen
vergriffen

HEFT 446
Dr. med. G. Schäfer
Glutationsstoffwechsel und Sauerstoffmangel
in Vorbereitung

HEFT 447
Prof. Dr.-Ing. F. Bollenrath, Aachen, Dr.-Ing. H. Füllenbach, Seesen/Harz und Dipl.-Ing. J. Schumacher, Neubeckum/Westf.
Entwicklung rationell arbeitender Spritzkabinen
in Vorbereitung

HEFT 448
Dr. med. C. Winkler, Bonn
Ein Koinzidenz-Szintillometer zum Zwecke der Schilddrüsenfunktionsdiagnostik und der Tumordiagnostik
in Vorbereitung

HEFT 449
Priv.-Doz. Oberbaurat Dr.-Ing. W. Meyer zur Capellen und Mitarbeiter, Aachen
Bewegungsverhältnisse an der geschränkten Schubkurbel
in Vorbereitung

HEFT 450
Prof. Dr.-Ing. W. Paul, Bonn und Dipl.-Phys. H. P. Reinhard, M.-Gladbach
Das elektrische Massenfilter als Isotopentrenner
in Vorbereitung

HEFT 451
Prof. Dr. G. Schmölders, Köln
Rationalisierung und Steuersystem
in Vorbereitung

HEFT 452
Prof. Dr. rer. nat. W. Weltzien und Dr. phil. K. Windeck, Krefeld
Veränderungen an Fasern bei der Bleiche mit Natriumchlorid und über einige Vergilbungserscheinungen
in Vorbereitung

HEFT 453
Forschungsinstitut der Feuerfest-Industrie, Bonn
Die Arbeiten der technisch-wissenschaftlichen Kommission der PRE (Vereinigung der europäischen Feuerfest-Industrie)
in Vorbereitung

HEFT 454
Dr.-Ing. W. Piepenburg, Dipl.-Ing. B. Bühling und Bauing. J. Behnke, Köln
Haftfestigkeit der Putzmörtel
in Vorbereitung

WESTDEUTSCHER VERLAG · KÖLN UND OPLADEN

HEFT 455
Dr.-Ing. W. A. Fischer, Dr.-Ing. H. Treppschuh und Dipl.-Phys. K. H. Köthemann, Düsseldorf
Erschmelzung von Reinsteisen nach dem Kohlenstoffproduktionsverfahren und Kerbschlagzähigkeit-Temperatur-Kurven dieses Eisens
in Vorbereitung

HEFT 456
Priv.-Doz. Dir. Dr.-Ing. K. Bungardt, Essen
Zeitstandversuche an austenitischen Stählen und Legierungen
in Vorbereitung

HEFT 457
Prof. Dr. phil. F. Wever, Düsseldorf und Dr. phil. W. Wepner, Köln
Dämpfungsmessungen an schwach gereckten Eisen-Kohlenstoff-Legierungen
in Vorbereitung

HEFT 458
Prof. Dr.-Ing. H. Schenck und Dr.-Ing. E. Schmidtmann, Aachen
Das Frischen von Thomas-Roheisen mit Sauerstoff-Wasserdampf-Gemischen und die Eigenschaften der damit erblasenen Stähle
in Vorbereitung

HEFT 459
Prof. Dr. phil. F. Wever, Dr. phil. O. Krisement und Hanna Schädler, Düsseldorf
Ein isothermes Mikrokalorimeter zur kinetischen Messung von Umwandlungs- und Ausscheidungsvorgängen in Legierungen
in Vorbereitung

HEFT 460
Prof. Dr. phil. F. Wever und Dr. rer. nat. B. Ilschner, Düsseldorf
Ein isothermes Lösungskalorimeter zur Bestimmung thermo-dynamischer Zustandsgrößen von Legierungen
in Vorbereitung

HEFT 461
Prof. Dr.-Ing. habil. E. Piwowarski †, Prof. Dr.-Ing. W. Patterson und Dipl.-Ing. F. W. Iske, Aachen
Verbesserung der Zähigkeitseigenschaften von Bessemer-Stahlguß
in Vorbereitung

HEFT 462
Prof. Dr. rer. nat. J. Weissinger
Zur Aerodynamik des Ringflügels — II. Die Ruderwirkung
Zur Aerodynamik des Ringflügels — III. Der Einfluß der Profildicken
in Vorbereitung

HEFT 463
Dipl.-Ing. G. Plüss, Essen-Steele
Die Aufteilung der verbrennlichen Bestandteile in Verbrennungsgasen auf CO und H_2 bei Verbrennung mit Luftunterschuß und bei Luftüberschuß und künstlicher Flammenkühlung
in Vorbereitung

HEFT 464
Dr. phil. habil. P. Hölemann und Ing. R. Hasselmann, Dortmund
Die Möglichkeit der Zündung von Acetylen in Rohrleitungen beim Ausbleiben mit Stickstoff
in Vorbereitung

HEFT 465
Dr.-Ing. R. Koch, Köln
Amerikanische Fertigungsunterlagen und ihre Werkstattreifmachung für deutsche Betriebe
in Vorbereitung

HEFT 466
Prof. Dr.-Ing. J. Mathieu, Aachen
Überbetrieblicher Verfahrensvergleich
in Vorbereitung

HEFT 467
Prof. Dr. Dr. h. c. E. Klenk und Dr. phil. H. Faillard, Köln
Neue Erkenntnisse über den Mechanismus der Zellinfektion durch Influenzavirus
Die Bedeutung der Neuraminsäure als Zellreceptor für das Influenzavirus
in Vorbereitung

HEFT 468
Prof. Dr. med. Dr. med. dent. G. Korkhaus und Dr. med. R. Alfter, Bonn
Die Vakuumwurzelbehandlung
in Vorbereitung

HEFT 469
Dr. sc. agr. F. Riemann und Dipl.-Volksw. R. Hengstenberg, Göttingen
Zur Industrialisierung kleinbäuerlicher Räume
1957, 130 Seiten, 5 Karten, 23 Tab., DM 27,—

HEFT 470
O. Wehrmann
Hitzdrahtmessungen in einer aufgespaltenen Kármánschen Wirbelstraße
in Vorbereitung

HEFT 471
Prof. Dr. phil. habil. A. Naumann, Dr.-Ing. A. Heyser und Dr. phil. Dipl.-Ing. W. Trommsdorf, Aachen
Der Überdruck-Windkanal in Aachen
in Vorbereitung

HEFT 472
Dipl.-Ing. A. Freitag, Essen-Steele
Verhalten von Katalytstrahlern bei Betrieb mit Luftvormischung zum Gas und der Verbrennung von Luft gegen eine Gasatmosphäre
in Vorbereitung

HEFT 473
Prof. Dr. phil. F. Wever, Dr.-Ing. W. Lueg und Dipl.-Ing. P. Funke jr. Düsseldorf
Versuche an einer hydraulischen 25 t-Stangenziehbank
in Vorbereitung

HEFT 474
Dr.-Ing. R. Ibing und Dipl.-Ing. G. Meier, Hannover
Eichung und Entwicklung von Staubentnahmesonden
in Vorbereitung

HEFT 475
Prof. Dipl.-Ing. W. Sturtzel, Obering. Helm und Dipl.-Ing. Heuser, Duisburg
Systematische Ruderversuche mit einem Schleppkahn und einem Binnenselbstfahrer vom Typ „Gustav Koenigs"
in Vorbereitung

HEFT 476
Prof. Dipl.-Ing. W. Sturtzel und Dipl.-Ing. Schmidt-Stiebitz, Duisburg
Einfluß der Hinterschiffsform auf das Manövrieren von Schiffen auf flachem Wasser
in Vorbereitung

HEFT 477
Dr. K. Utermann, Dortmund
Freizeitprobleme bei der männlichen Jugend einer Zechengemeinde
in Vorbereitung

HEFT 478
Prof. Dr.-Ing. habil. W. Petersen und Dr.-Ing. S. Wawroschek, Aachen
Brikettierungsversuche zur Erzeugung von Möllerbriketts unter Verwendung von Braunkohle
in Vorbereitung

HEFT 479
Prof. Dr.-Ing. W. Wegener, Aachen und Dipl.-Ing. H. Fourné, Bochum
Ursachen des Überschreitens der Toleranzgrenze nach oben oder unten (Meter pro Gramm) an der Strecke
in Vorbereitung

HEFT 480
Dr. K. Brücker-Steinkuhl, Düsseldorf
Anwendung mathematisch-statistischer Verfahren bei der Fabrikationsüberwachung
in Vorbereitung

HEFT 481
Oberbaurat Dr.-Ing. W. Meyer zur Capellen, Aachen
Fünf- und sechspunktige Geradführung in Sonderlagen des ebenen Gelenkvierecks
in Vorbereitung

HEFT 482
Dipl.-Ing. R. Pels-Leusden und Dr. K. Bergmann, Essen
Die Frostbeständigkeit von Ziegeln; Einflüsse der Materialzusammensetzung und des Brandes
in Vorbereitung

HEFT 483
Prof. Dr.-Ing. habil. F. A. F. Schmidt, Aachen
Gemischbildungs-, Selbstzündungs- und Verbrennungsvorgänge als Grundlage für Entwicklungsarbeiten an Gasturbinenbrennkammern
in Vorbereitung

HEFT 484
Prof. Dr. habil H. E. Schwiete und Dr. G. Schwiete, Aachen
Beitrag zur Struktur des Montmorillonit
in Vorbereitung

HEFT 485
Prof. Dr. phil. E. Jenckel, Aachen, Dr. H. Wilsing, Dormagen, Dr. H. Dörffurt, Wesseling/Bez. Köln und Dipl.-Phys. H. Rinkens, Eschweiler
Kristallisation und Hochpolymeren
in Vorbereitung

HEFT 486
Doz. Dr. med. E. Lerche und Dr. med. J. Schulze, Aachen
Hörermüdung und Adaptation im Tierexperiment
in Vorbereitung

HEFT 487
Prof. Dipl.-Ing. W. Blume, Duisburg
Festigkeitseigenschaften kombinierter Leichtbaustoffe im Hinblick auf die Verkehrstechnik, insbesondere des Flugzeugbaus
in Vorbereitung

WESTDEUTSCHER VERLAG · KÖLN UND OPLADEN

If you have any concerns about our products,
you can contact us on
ProductSafety@springernature.com

In case Publisher is established outside the EU,
the EU authorized representative is:
**Springer Nature Customer Service Center GmbH
Europaplatz 3, 69115 Heidelberg, Germany**

Printed by Libri Plureos GmbH
in Hamburg, Germany